普通高等教育"十四五"规划教材

数控加工与编程技术

▸ 董康兴　主编
▸ 高　胜　主审

SHUKONG JIAGONG YU BIANCHENG JISHU

内容提要

本书系统、全面地介绍了数控机床的结构、工作原理、数控编程与工艺分析方面的知识。全书共分为6章，内容包括：数控机床概述、数控机床的结构组成、数控编程基础、数控车床编程方法与实例、数控铣床编程方法与实例、智能制造中的数控技术。

本书为智能制造系列教材，可作为高等院校应用型人才培养的教材，亦可供其他相关专业的师生参考。

图书在版编目(CIP)数据

数控加工与编程技术/董康兴主编．—北京：
中国石化出版社，2024.3
ISBN 978-7-5114-7442-1

Ⅰ.①数… Ⅱ.①董… Ⅲ.①数控机床—程序设计—
高等学校—教材 Ⅳ.①TG659

中国国家版本馆CIP数据核字(2024)第050874号

中国石化出版社出版发行

地址：北京市东城区安定门外大街58号
邮编：100011　电话：(010)57512500
发行部电话：(010)57512575
http://www.sinopec-press.com
E-mail：press@sinopec.com
北京艾普海德印刷有限公司印刷
全国各地新华书店经销

*

787毫米×1092毫米 16开本 8.25印张 208千字
2024年3月第1版　2024年3月第1次印刷
定价：40.00元

前言 »»

PREFACE

数控加工技术是先进制造技术的基础与核心，数控加工设备——数控机床是工厂加工制造自动化的基础，具有广阔应用前景。数控机床的使用在加工企业中已越来越普及，已成为机械工业生产的关键设备，企业现在正缺乏大量训练有素的数控机床专业应用型的人才。随着工业化进程的不断加速，智能制造技术也逐步进入各个行业，成为未来工业发展的趋势之一。数控编程技术在智能制造中扮演着重要的角色，是实现智能制造的重要一环。

“数控加工技术”作为培养机械工程技术人才的一门专业课程，旨在使学生掌握数控机床构造、数控加工工艺规程、数控编程技术等知识，具备数控加工工艺设计、数控编程与仿真、数控设备操作、数控机床维护与保养等能力，成为能够从事数控加工工艺制定与实施、数控编程与仿真、数控机床操作、智能制造加工单元运维等工作的高素质技术人才。

《数控加工与编程技术》一书是与“数控加工技术”课程相配套的教材，系统地介绍了数控机床的发展历程、结构组成、编程基础及其在智能制造中的应用，编写时既注重基础性、系统性、综合性，也考虑应用性和实践性，大庆油田装备制造集团提供了大量的实践案例。文字叙述上力求深入浅出、通俗易懂。

本书共分为 6 章，约 20.8 万字，第 1～4 章由董康兴编写（共计 11 万字），第 5 章由刘琳、王文超、李金波编写，第 6 章由邢延方、于跃强编写。其中第 1 章介绍了数控机床的发展、特点及应用范围、分类及发展趋势；第 2 章介绍了数控机床的结构组成，并重点阐述了计算机控制系统（CNC）与数控机床的机械系统；第 3 章介绍了数控编程基础，包括了数控机床的常用指令、数控加工工艺的制定、夹具的选择与设计，并通过实例进行了加工工艺制定分析；第 4 章介绍了数控车床编程技术，对基本概念、编程原理及编程实例做了重点介绍；第 5 章介绍了数控铣床编程技术，同时增加了宏程序、子程序及加工中心编程方法的介绍；第 6 章介绍了智能制造的起源与发展、关键技术、智能生产线与智能工厂的概念，并通过实例分析，介绍了数控机床在智能制造中的应用。

在本书的编写过程中，大庆油田装备制造集团邢延方高工提供了部分实例和工艺素材，为数控机床的应用提供了宝贵经验。参与概述编写的还有于跃强、刘琳、王文超与李金波老师，高胜教授、李大奇副教授对本书进行了审阅，提出了许多宝贵意见，在此表示感谢！孟博、郭书魁、陆露、仲光钰等同学参与了校稿工作，对他们的支持表示感谢！另外，本书编写时参阅了大量相关文献与教材，在此向相关作者、编者表示感谢！

数控技术处于高速发展阶段，还有许多理论需要进一步研究和完善。由于编者学识水平有限，成书仓促，书中难免有不足或不妥之处，恳请广大读者批评指正。

目 录 »»
CONTENTS

第 1 章　数控机床概述 …… 1
1.1　数控机床的发展 …… 1
1.2　数控机床的特点及应用范围 …… 4
1.3　数控机床的分类 …… 6
1.4　数控机床的发展趋势 …… 9
思考与练习 …… 11
第 2 章　数控机床的结构组成 …… 12
2.1　数控机床的组成与工作原理 …… 12
2.2　计算机控制系统 …… 15
2.3　数控机床的机械系统 …… 24
思考与练习 …… 33
第 3 章　数控编程基础 …… 34
3.1　概述 …… 34
3.2　常用指令 …… 40
3.3　数控加工工艺的制定 …… 43
3.4　数控加工夹具的选择与设计 …… 50
3.5　数控加工工艺制定实例 …… 53
思考与练习 …… 61
第 4 章　数控车床编程方法与实例 …… 62
4.1　数控车削概述 …… 62
4.2　数控车削编程原理 …… 65
4.3　数控车削加工编程实例 …… 80

思考与练习 …… 82
第 5 章 数控铣床编程方法与实例 …… 84
5.1 概述 …… 84
5.2 数控铣削编程原理 …… 85
5.3 数控铣削加工及编程实例 …… 89
5.4 宏程序编程方法 …… 92
5.5 加工中心编程方法与实例 …… 98
5.6 自动编程 …… 109
思考与练习 …… 112
第 6 章 智能制造中的数控技术 …… 114
6.1 智能制造概述 …… 114
6.2 智能生产线 …… 115
6.3 智能工厂 …… 118
6.4 智能制造案例 …… 120
思考与练习 …… 124

参考文献 …… 125

第1章 数控机床概述

1.1 数控机床的发展

数控技术，简称数控(Numerical Control，NC)，是以数字控制的方法对某一工作过程实现自动控制的技术。它所控制的参数通常是位置、角度、速度等机械量和与机械能量流向有关的开关量。数控技术产生的初期，受技术的限制，其数控系统不得不采用数字逻辑电路“搭”接数控机床的控制系统，这种数控系统被称为硬件连接的数控系统，也就是简称为NC的数控系统。

20世纪70年代以后，计算机技术和微处理器的发展和普及，为现代计算机数控技术的出现和发展奠定了基础。由于小型计算机技术和微处理器的功能强大、控制能力极强，人们考虑用计算机软件程序控制部分或全部替代NC时代的硬件逻辑电路，基于这种思想和技术的数控技术就称为计算机数控技术(Computer Numerical Control，CNC)。

1.1.1 数控机床的产生

科学技术和社会生产的不断发展，对机械产品的质量和生产率提出了越来越高的要求。机械加工工艺过程的自动化是实现上述要求的最重要措施之一。它不仅能够提高产品的质量、提高生产效率、降低生产成本，还能够大大改善工人的劳动条件。

在机械制造工业中并不是所有的产品零件都具有很大的批量，单件与小批量生产的零件(批量在10～100件)约占机械加工总量的80%以上。尤其是在造船、航天、航空、机床、重型机械以及国防部门，其生产特点是加工批量小、改型频繁、零件的形状复杂而且精度要求高，采用专用化程度很高的自动化机床加工这类零件就显得很不合适。频繁地开发新产品，使“刚性”的自动化设备在大批量生产中也日益暴露其缺点。

已经使用的各类仿形加工机床部分地解决了小批量、复杂零件的加工。但在更换零件时，必须制造靠模和调整机床，不但要耗费大量的手工劳动、延长了生产准备周期，而且由于靠模误差的影响，加工零件的精度很难达到较高的要求。

为了解决上述这些问题，满足多品种、小批量的自动化生产，迫切需要一种灵活的、通用的、能够适应产品频繁变化的柔性自动化机床。

数控机床，就是在这样的背景下诞生与发展起来的。它极有效地解决了上述一系列矛盾，为单件、小批量生产的精密复杂零件提供了自动化加工手段。

数控机床就是将加工过程所需的各种操作(如主轴变速、松夹工件、进刀与退刀、开车与停车、选择刀具、供给切削液等)和步骤，以及刀具与工件之间的相对位移量都用数字化的代码来表示，通过控制介质(如穿孔纸带或磁带)将数字信息送入专用的或通用的计算机，计算机对输入的信息进行处理与运算，发出各种指令来控制机床的伺服系统或其他执行元件，使机床自动加工出所需要的工件。数控机床与其他自动机床的一个显著区别在于当加工对象改变时，除了重新装夹工件和更换刀具之外，只需要更换加工程序，不需要对机床做任何调整。

1.1.2 数控技术的发展

采用数字技术进行机械加工，可追溯到 20 世纪 40 年代，是由美国北密执安的一个小型飞机工业承包商帕森斯公司(Parsons Corporation)实现的。他们在制造飞机的框架及直升机的旋翼时，利用全数字电子计算机对机翼加工路径进行数据处理，并考虑到刀具直径对加工路线的影响，使得加工精度达到±0.0381mm，是当时的最高水平。1949 年，该公司与美国麻省理工学院(MIT)开始共同研究，并于 1952 年试制成功第一台三坐标数控铣床，这是目前公认的数控机床产生的标志。这台机床是一台试验性机床，到 1954 年11 月，在帕森斯专利的基础上，第一台工业用的数控机床由美国本迪克斯公司(Bendix Cooperation)正式生产出来。

从 1960 年开始，其他一些工业国家，如德国、日本都陆续开发、生产及使用了数控机床。最早出现并使用的数控机床是数控铣床，因为它能够解决普通机床难以胜任的、需要进行轮廓加工的曲线或曲面零件。早期的数控系统由于采用的是电子管，体积庞大、功耗高，因此除了在军事部门使用外，在其他行业没有得到推广使用。

1960 年以后，点位控制的数控机床得到了迅速的发展。因为点位控制的数控系统比起轮廓控制的数控系统要简单得多，因此数控铣床、冲床、坐标镗床大量发展。据统计资料表明，到 1966 年实际使用的约 6000 台数控机床中，85%是点位控制的机床。

早期的数控系统是硬件连线的数控系统，其对应的机床称为 NC 机床。20 世纪 70 年代，数控系统进入了 CNC 时代，这之后的数控机床可以称为 CNC 机床。

1967 年，英国首先把几台数控机床连接成具有柔性的加工系统，这就是所谓的柔性制造系统(Flexible Manufacturing System，FMS)。之后，美国、欧洲、日本等也相继进行开发及应用。

20 世纪 80 年代，国际上出现了以 1～4 台加工中心或车削中心为主体，再配上工件自动装卸和监控检验装置的柔性制造单元(Flexible Manufacturing Cell，FMC)。这种单元投资少、见效快，既可以单独长时间无人看管运行，也可以集成到FMS或更高级的集成制造系统中使用。

20世纪90年代，出现了包括市场预测、生产决策、产品设计与制造和销售全过程均由计算机集成管理和控制的计算机集成制造系统，它是在信息技术、自动化技术与制造技术的基础上，通过计算机技术把分散在产品设计与制造过程中各种孤立的自动化子系统有机地集成起来，形成适用于多品种、小批量生产，实现整体效益的集成化和智能化制造系统。

数控机床已成为现代制造生产系统中重要的组成部分之一，也是实现计算机辅助设计(Computer Aided Design，CAD)、计算机辅助制造(Computer Aided Manufacturing，CAM)等现代制造技术的基础。

我国从1958年开始研制数控机床，在研制与推广使用数控机床方面取得了一定的成绩。近年来，由于引进了国外的数控系统与伺服系统的制造技术，使我国数控机床在品种、数量和质量方面取得了迅速发展。目前，我国已有几十家机床厂能够生产不同类型的数控机床加工中心。我国经济数控机床的研究、生产和推广工作也取得了较大的进展，它必将对我国各行业的技术改造起到积极的推动作用。

我国的数控机床无论从产品种类、技术水平，还是质量和产量上都取得了很大的发展，在一些关键技术方面也取得了重大突破。据统计，目前我国可供市场的数控机床有1500种，几乎覆盖了整个金属切削机床的品种类别和主要的锻压机械，这标志着国内数控机床已进入快速发展的时期。

目前我国已经可以供应网络化、集成化、柔性化的数控机床。同时，我国也已进入世界高速数控机床和高精度精密数控机床生产国的行列。我国已经研制成功一批主轴转速在8000～10000r/min以上的数控机床。我国数控机床行业近年来大力推广应用CAD等技术，很多企业已开始和计划实施应用ERP、MRPⅡ和电子商务。

长期以来，国产数控机床始终处于低档迅速膨胀、中档进展缓慢、高档依靠进口的局面，特别是国家重点工程需要的关键设备主要依靠进口，技术受制于人。究其原因，国内本土数控机床企业大多处于“粗放型”阶段，在产品设计水平、质量、精度、性能等方面与国外先进水平相比落后了5～10年，在高、精、尖技术方面的差距则达到了10～15年。同时，我国在应用技术及技术集成方面的能力也还比较低，相关的技术规范和标准的研究制定相对滞后，国产的数控机床还没有形成品牌效应。同时，我国的数控机床产业目前还缺少完善的技术培训、服务网络等支撑体系，市场营销能力和经营管理水平也不高。更重要的原因是缺乏自主创新能力，完全拥有自主知识产权的数控系统少之又少，制约了数控机床产业的发展。

目前，我国进口的数控系统基本为德国西门子(SIMENS)和日本发那科(FANUC)两家公司所垄断，两家公司在世界市场的占有率超过80%。在国内尚无自主知识产权高端数控系统替代的前提下，西门子和发那科拥有绝对的价格优势。加上高性能数控系统具有超越经济价值的战略意义，发达国家对出口我国的数控系统始终有所限制，甚至像五轴联动以上的高性能数控系统产品绝对禁止向我国出口。我们应看清形势，充分认识国产数控机床的不足，努力发展先进技术，加大技术创新与培训服务力度，以缩短与发达国家之间的差距。

1.2 数控机床的特点及应用范围

1.2.1 数控机床的特点

(1)对加工对象改型的适应性强

在数控机床上改变加工零件时，只需要重新编制程序就能实现对零件的加工，它不同于传统的机床，不需要制造、更换许多工具、夹具和检具，更不需要重新调整机床。数控机床可以快速地从加工一种零件转变为加工另一种零件，这就为单件、小批量以及试制新产品提供了极大的便利。它不仅缩短了生产准备周期，而且节省了大量工艺装备费用。

(2)加工精度高

数控机床是按以数字形式给出的指令进行加工的，由于目前数控装置的脉冲当量(即每输出一个脉冲后数控机床移动部件相应的移动量)一般达到了 0.001mm，而且进给传动链的反向间隙与丝杠螺距误差等均可由数控装置进行补偿，因此，数控机床能达到比较高的加工精度。对于中、小型数控机床，定位精度普遍可达到 0.03mm，重复定位精度为 0.01mm。因为数控机床的传动系统与机床结构都具有很高的刚度和热稳定性，而且提高了制造精度，特别是数控机床的自动加工方式避免了生产者的人为操作误差，因此，同一批加工零件的尺寸一致性好、产品合格率高、加工质量十分稳定。

在采用点位控制系统的钻孔加工中，由于不需要使用钻模板与钻套，钻模板的坐标误差造成的影响也不复存在。又由于加工中排除切屑的条件得以改善，可以进行有效的冷却，被加工孔的精度及表面质量都有所提高。对于复杂零件的轮廓加工，在编制程序时已考虑到对进给速度的控制，可以做到在曲率变化时，刀具沿轮廓的切向进给速度基本不变、被加工表面就可获得较高的精度和表面质量。

(3)加工效率高

零件加工所需要的时间包括机动时间与辅助时间两部分。数控机床能够有效地减少这两部分时间，因而加工生产率比一般机床高得多。数控机床主轴转速和进给量的范围比普通机床的范围大，每一道工序都能选用最有利的切削用量，良好的结构刚性允许数控机床进行大切削用量的强力切削，有效地节省了机动时间。数控机床移动部件的快速移动和定位均采用了加速与减速措施，因而选用了很高的空行程运动速度，消耗在快进、快退和定位的时间要比一般机床的少得多。

数控机床在更换被加工零件时几乎不需要重新调整机床，而零件又都安装在简单的定位夹紧装置中，可以节省用于停机进行零件安装调整的时间。

数控机床的加工精度比较稳定，一般只做首件检验或工序间关键尺寸的抽样检验，因而可以减少停机检验的时间。因此，数控机床的利用系数比一般机床的高得多。

在使用带有刀库和自动换刀装置的数控加工中心机床时，在一台机床上实现了多道工序的连线加工，减少了半成品的周转时间，生产效率的提高就更为明显。

(4)减轻操作者的劳动强度

数控机床对零件的加工是按事先编好的程序自动完成的，操作者除了操作面板、装卸零件、关键工序的中间测量以及观察机床的运行之外，不需要进行繁重的重复性手工操作，劳动强度与紧张程度均可大为减轻，劳动条件也得到相应的改善。

(5)良好的经济效益

使用数控机床加工零件时，分摊在每个零件上的设备费用是较昂贵的。但在单件、小批量生产情况下，可以节省工艺装备费用、辅助生产工时、生产管理费用及降低废品率等，因此能够获得良好的经济效益。

(6)有利于生产管理的现代化

用数控机床加工零件，能准确地计算零件的加工工时，并有效地简化了检验加工夹具、半成品的管理工作。这些特点都有利于使生产管理现代化。

数控机床在应用中也有不利的一面，如提高了起始阶段的投资、对设备维护的要求较高、对操作人员的技术水平要求较高等。

1.2.2　数控机床的应用范围

数控机床确实存在一般机床所不具备的优点，但是这些优点都是以一定条件为前提的。数控机床的应用范围正在不断扩大，但它并不能完全代替其他类型的机床，也还不能以最经济的方式解决机械加工中的所有问题。数控机床通常最适合加工具有以下特点的零件：

(1)多品种小批量生产的零件

如图 1-1 所示，零件加工批量的增加对于选用数控机床是不利的。原因在于数控机床设备费用高昂，与大批量生产采用的专用机床相比其效率还不够高。通常采用数控机床加工的合理生产批量在 10～200 件之间，目前有向中批量发展的趋势。

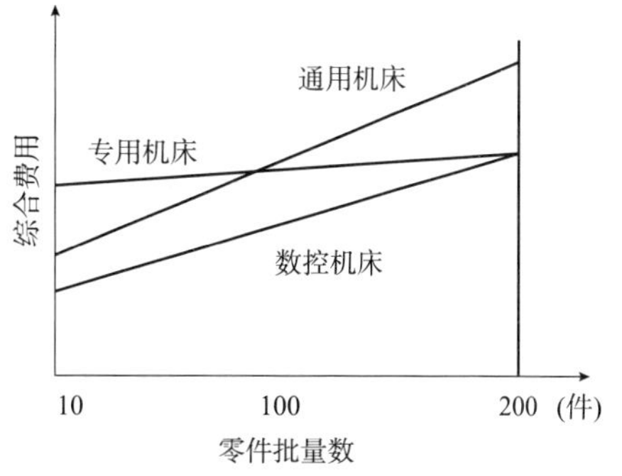

图 1-1　零件加工批量数与综合费用的关系

(2)结构比较复杂的零件

图 1-2 表示了三类机床的被加工零件复杂程度与零件批量数的关系。通常数控机床适用于加工结构比较复杂、在非数控机床上加工时需要有昂贵的工艺装备的零件。

根据现在的具体条件，下列各种情况采用数控机床是比较合适的：

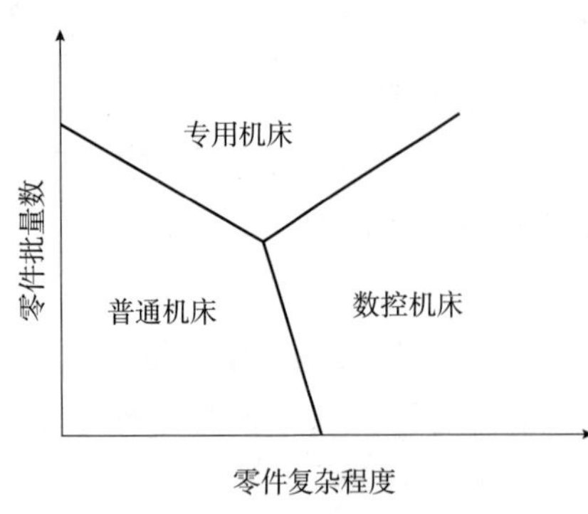

图 1-2 零件复杂程度与批量数的关系

(1)单件、小批量生产的重要零件或需要分期轮番组织生产的零件；

(2)用普通机床难以加工的复杂零件；

(3)用普通机床加工时需要复杂加工夹具或所用夹具成本高的零件；

(4)用普通机床加工时所需调整时间很长的零件；

(5)高精度、低表面粗糙度的零件；

(6)要求精密复制的零件和一致性要求极高的零件；

(7)正在设计、试制阶段，需要进行对比试验，准备多次改变设计方案的零件；

(8)贵重零件、大型零件、关键零件；

(9)采用数学方法确定复杂轮廓的零件；

(10)有钻、镗、扩、铰、铣等多工序多加工部位，适合于在自动换刀数控机床上加工的箱体类零件；

(11)检验部位多、检验费用高的零件；

(12)设计、生产部门间需要在不同地点试制、生产或各有关单位需要轮番交换加工时；

(13)需要节省生产场地的面积时(数控机床比一般机床可节省占地面积一半以上)。

1.3 数控机床的分类

1.3.1 按加工方式分类

(1)金属切削类数控机床：数控车床、数控铣床、数控磨床、数控镗床、数控钻床以及加工中心。这些机床的动作与运动都是数字化控制，具有较高的生产率和自动化程度，特别是加工中心，它是一种带有自动换刀装置，能进行铣、钻、镗削加工的复合型数控机床。

(2)金属成形类数控机床：金属切削类以外的数控机床。数控折弯机、数控弯管机、数控回转头压力机等机床。

(3)数控特种加工机床：数控线切割机床、数控电火花加工机床、数控激光切割机等。

(4)其他类型的数控机床：火焰切割机、数控三坐标测量机、数控对刀仪、数控绘图仪等。

1.3.2 按控制系统分类

(1)点位控制数控机床

如图 1-3 所示，点位控制系统指能控制刀具相对于工件的精确定位控制系统，而在相对运动的过程中不能进行任何加工。这种点位控制系统，为了确保准确地定位，系统在高速运行后，一般采用3级减速，以减小定位误差。但是由于移动件本身存在惯性，而且在低速运动时，摩擦力有可能变化，所以即使系统关断后，工作台并不立即停止，形成定位误差，而且这个值有一定的分散性。它的特点是在刀具相对工件的移动过程中，不进行切削加工，对定位过程中的运动轨迹没有严格要求，只要求从一坐标点到另一坐标点的精确定位。如数控坐标镗床、数控钻床、数控冲床、数控点焊机和数控测量机等都采用此类系统。

(2)直线控制数控机床

如图1－4所示，某些数控机床不仅要求具有准确定位的功能，而且要求从一点到另一点之间按直线移动并能控制位移的速度。因为这一类型的数控机床在两点间移动时，要进行切削加工。所以对于不同的刀具和工件，需要选用不同的切削用量及进给速度。

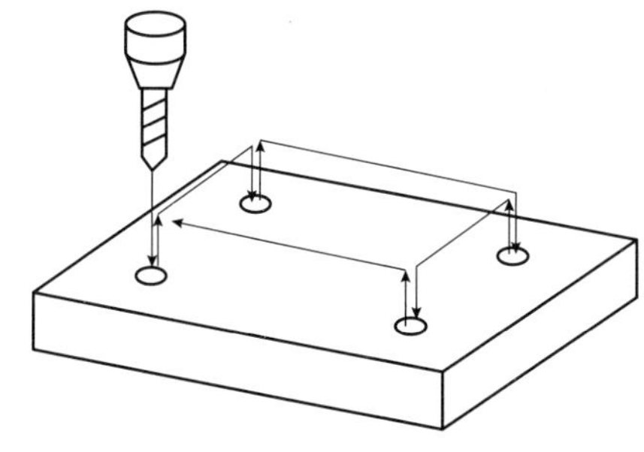

图1－3　点位控制加工图

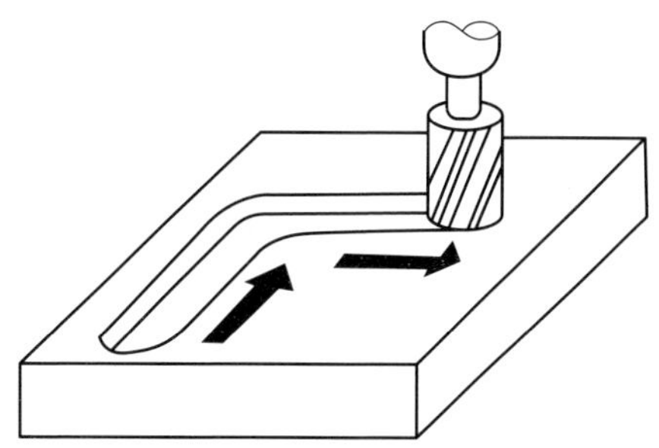

图1－4　直线控制加工图

这一类的数控机床包括数控铣床、数控车床等。一般情况下，这些数控机床有2～3个可控轴，但可同时控制轴只有一个。

为了能在刀具磨损或更换刀具后，仍得到合格的零件，这类机床的数控系统常常具有刀具半径补偿功能、刀具长度补偿功能和主轴转速控制的功能。

(3)轮廓控制数控机床

更多的数控机床具有轮廓控制的功能，即可以加工具有曲线或者曲面的零件。如图1－5所示，这类数控机床应能同时控制两个或两个以上的轴进行插补运算，对位移和速度进行严格的不间断控制。

现代数控机床绝大多数都具有两坐标或两坐标以上联动的功能，不仅有刀具半径补偿、刀具长度补偿，还有机床轴向运动误差补偿、丝杠、齿轮的间隙误差补偿等一系列功能。

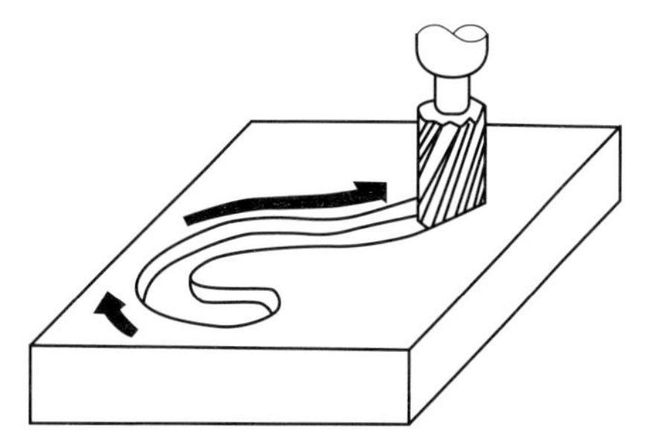

图1－5　轮廓控制加工图

按照可联动(同时控制)轴数，可以有2轴控制、2.5轴控制、3轴控制、4轴控制、5轴控制等。

2.5轴控制(两个轴是连续控制，第三轴是点位或直线控制)实现了三个主要轴 X、Y、Z 内的二维控制；

3 轴控制是三个坐标轴 X、Y、Z 都同时插补，是三维连续控制；

5 轴连续控制是一种很重要的加工形式，这时三个坐标轴 X、Y、Z，与工作台的回转、刀具的摆动同时联动(也可以是与两轴的数控转台联动，或刀具做两个方向的摆动)。由于刀尖可以按数学规律导向，使之垂直于任何双倍曲线平面，因此特别适合于加工透平叶片、机翼等。

1.3.3　按执行机构的伺服系统类型分类

(1)开环伺服系统数控机床

该种机床是比较原始的一种数控机床，这类机床的数控系统将零件的程序处理后，输出数字指令信号给伺服系统，驱动机床运动，没有来自位置传感器的反馈信号。图 1-6 所示为开环伺服系统框图。最典型的系统就是采用步进电动机的伺服系统。这类机床较为经济，但是速度及精度都较低。因此，目前在国内仍作为一种经济型的数控机床，多用于对旧机床的改造。

指令进给脉冲 → 联动电路 → 步进电动机 → 传动机构 → 工作台

图 1-6　开环伺服系统框图

(2)半闭环伺服系统数控机床

大多数数控机床是半闭环伺服系统，将测量元件从工作台移到电动机端头或丝杠端头。图 1-7 所示为半闭环伺服系统框图。这种系统的闭环环路内不包括丝杠、螺母副及工作台，因此可以获得稳定的控制特性。而且由于采用了高分辨率的测量元件，可以获得比较满意的精度及速度。

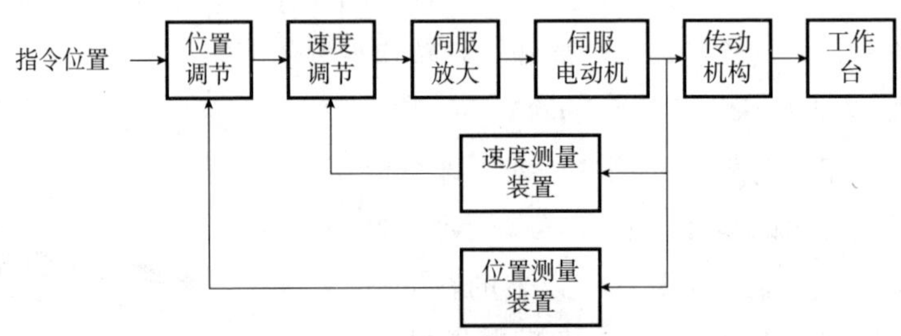

图 1-7　半闭环伺服系统框图

(3)闭环伺服系统数控机床

该种机床的移动部件上直接安装直线位移检测装置，直接对工作台的实际位移进行检测，将测量的实际位移值反馈到数控装置中，与输入的指令位移值进行比较，用差值对机床进行控制，使移动部件按照实际需要的位移量运动，最终实现移动部件的精确运动和定位。从理论上讲，闭环伺服系统的运动精度主要取决于检测装置的检测精度，与传动链的误差无关，因此其控制精度高。图 1-8 所示为闭环伺服系统框图。闭环伺服系统数控机床的定位精度高，但调试和维修都较困难，系统复杂，成本高。

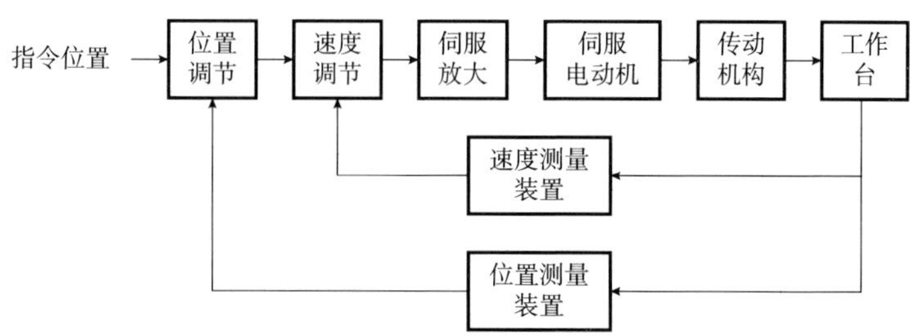

图 1-8　闭环伺服系统框图

1.3.4　按照功能水平分类

根据数控机床的功能及指标，可以把数控机床分为低、中、高档三类，如表 1-1 所示。

表 1-1　数控机床分类表

功能参数	低档数控机床	中档数控机床	高档数控机床
进给当量	10μm	1μm	0.1μm
进给速度	8～15m/min	15～24m/min	15～100m/min
伺服进给系统	开环、步进电动机	半闭环直流伺服系统或交流伺服系统	闭环伺服系统、电动机主轴、直线电动机
联动轴数	2～3 轴	3～4 轴	4 轴以上
通信功能	无	RS232 或 DNC 接口	RS232、RS485、DNC、MAP 接口
显示功能	数码管显示或简单的 CRT 字符显示	功能较齐全的 CRT 显示或液晶显示	功能齐全的 CRT 显示（三维动态图形显示）
内装 PLC	无	有	有强功能的 PLC，有轴控制的扩展功能
主 CPU	8 位或 16 位 CPU	由 16 位向 32 位 CPU 过渡	由 32 位向 64 位 CPU 发展

1.4　数控机床的发展趋势

(1)高速、高精度化

要提高机械加工的生产率，其中最主要的方法是提高速度，但是这样做会降低加工精度。现在数控机床在提高加工速度的同时，也在进行高精度化。目前已可在 0.1μm 的最小设定单位时，进给速度达 24m/min。要做到这一点，就对机械和数控系统等方面提出更高的要求。

①机械方面

机床主轴要高速化，就要提高主轴和机床机械结构的动、静态刚度，采用能承受高速的机械零件，如采用陶瓷球的滚珠轴承等。

②数控系统方面

主要是提高计算机的运算速度。现代数控系统已从 16 位的 CPU，发展到普遍采用 32

位的CPU，并向64位的CPU发展。主机频率由5MHz提高到20～33MHz。有的系统还制造了插补器的专用芯片，以提高插补速度；有的采用多CPU系统、减轻主CPU负担，进一步提高控制速度。

③伺服系统方面

使伺服电动机的位置环、速度环的控制都实现数字化。FANUC15系列开发出专用的数字信号处理器，位置指令输入后，与从脉冲编码器来的位置信息，以及检测出的电动机电流信息一起，在专用的微处理器芯片内，进行控制位置、速度和电动机电流的运算，最后向功率放大器发出指令，以达到对电动机的高速、高精度控制。

当数控系统发出位置指令后，由于机械部分不能很快地响应而会产生滞后现象，影响了加工精度。现代控制理论中有各种算法能够实现高速和高精度的伺服控制，但是，由于它们的计算方法太复杂，以往的计算机运算速度不够，很难实现。现在计算机的运算速度和存储容量都加大很多，有时还可采用专用芯片的办法，使复杂的计算能够在线实现，使得滞后量减少很多，提高了跟随精度。

一般交流伺服电动机轴上装有回转编码器(脉冲发生器)用来检测电动机的角位移。显然，编码器的分辨率越高，则电动机转动角位移就越精确。现代高分辨率位置编码器绝对位置的测量可达163840脉冲/转。

④实现多种补偿功能

数控系统能实现多种补偿功能，提高数控机床的加工精度和动态特性。数控系统的补偿功能主要用来补偿机械系统带来的误差。例如：

a. 直线度的补偿：随着某一轴的运动，对另一轴加以补偿，提高工作台运动的直线度；

b. 采用新的丝杠导程误差补偿：用几条近似线表示导程误差，仅对其中几个点进行补偿。此法可减少补偿数据的设定点数，使补偿方法大为简化；

c. 丝杠、齿轮间隙补偿；

d. 热变形误差补偿：用来补偿由于机床热变形而产生机床几何位置变化引起的加工误差；

e. 刀具长度、半径等补偿；

f. 存储型补偿：这种补偿方法，可根据机床使用时的实际情况(如机床零件的磨损情况等)适时地修订补偿值。

(2)数控系统的高可靠性

提高数控系统的可靠性，可大大降低数控机床的故障率。新型数控系统大量使用大规模和超大规模集成电路，还采用专用芯片提高集成度以及使用表面封装技术等方法，减少了元器件数量和它们之间的连线和焊点数目，从而大幅度降低系统的故障率。

现代数控系统还具有人工智能(AI故障诊断系统)，用来诊断数控系统及机床的故障，把专家们所掌握的各种故障原因及其处理方法作为知识库储存到计算机的存储器中，以知识库为根据来开发软件，分析查找故障原因。只要通过回答显示器提出的简单问题，就能和专家一样诊断出机床的故障原因以及提出排除故障的方法。

(3)CNC 系统的智能化

由于 CNC 系统使用的计算机存储容量越来越大，运算速度越来越快，使得 CNC 系统不仅能完成机床的数字控制功能，而且还可以充分利用软件技术，使系统智能化，给使用者以更大的帮助。例如，将迄今为止必须由编程员决定的零件的加工部位、加工工序、加工顺序等也可由 CNC 系统自动地决定。操作者只要将加工形状和必要的毛坯形状输进 CNC 系统，就能自动生成加工程序。这样，CNC 加工的编程时间大为缩短，即使经验不足的操作者也能进行操作。

CNC 系统如何与人工智能技术相结合，尚待发展。除了上述在故障诊断和编程方面的应用外，还有更大的领域留待我们去探索。

(4)具有更高的通信功能

工厂希望将多台数控机床组成各种类型的生产线或者直接数字控制(Direct Numerical Control，DNC)系统。这就要求 CNC 系统提高联网能力。一般 CNC 系统都具有 RS232 远距离串行接口，可以按照用户的格式要求，与同一级计算机进行多种数据交换。

为了满足不同厂家、不同类型数控机床联网功能要求，现代数控系统大都具有 MAP (制造自动化协议)接口，现在已实现了 MAB3.0 版本，并采用光缆通信，以提高数据传送速度和可靠性。

思考与练习

1-1　什么叫数控系统？什么叫数控机床？

1-2　数控机床有何特点？适用于哪些类型的零件加工？

1-3　数控机床由哪几部分组成？各部分基本功能是什么？

1-4　试述数控机床按其功能的分类情况以及各类机床的特点。

1-5　试述闭环控制数控机床的控制原理，它与开环控制数控机床的差异。

1-6　数控加工技术的发展趋势是什么？

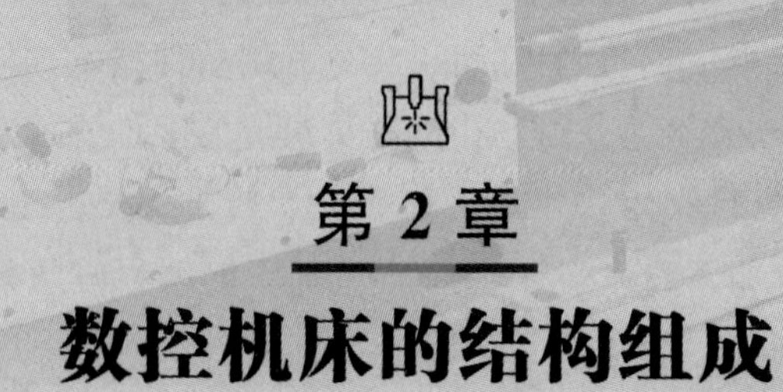

第 2 章 数控机床的结构组成

2.1 数控机床的组成与工作原理

2.1.1 数控机床的组成

数控系统是一种程序控制系统，它能逻辑地处理输入到系统中的数控加工程序，控制数控机床运动并加工出零件。

图 2-1 为数控系统的组成框图。它由输入/输出装置、计算机数控装置(CNC)、可编程逻辑控制器 PLC、主轴伺服驱动装置、进给伺服驱动装置以及检测装置等组成。

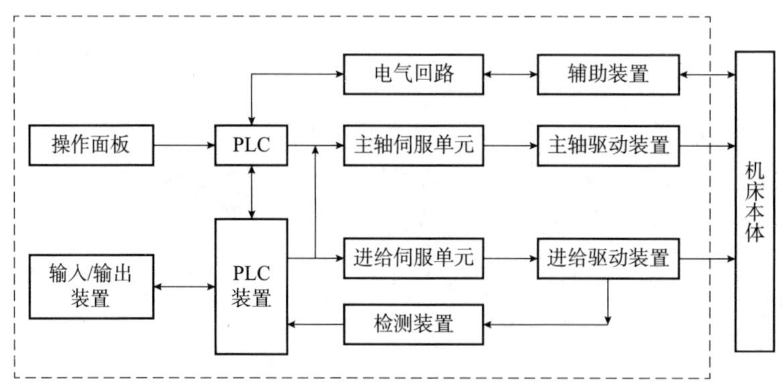

图 2-1 数控系统的组成框图

(1)CNC 装置

CNC 装置是数控系统的核心。在一般的数控加工过程中，首先启动 CNC 装置，在 CNC 内部控制软件的作用下，通过输入装置或输入接口读入零件的数控加工程序，并存放到 CNC 装置的程序存储器内。开始加工时，在控制软件作用下，将数控加工程序从存储器中读出，按程序段进行处理，先进行译码处理，将零件数控加工程序转换成计算机能处理的内部形式，将程序段的内容分成位置数据和控制指令，并存放到相应的存储区域，最后根据数据和指令的性质进行各种流程处理，完成数控加工的各项功能。

CNC 装置通过编译和执行内存中的数控加工程序来实现多种功能。CNC 装置一般具有以下基本功能：坐标控制功能(X、Y、Z、A、B 代码)、主轴转速功能(S 代码)、准备功能(G 代码)、辅助功能(M 代码)、刀具功能(T 代码)和进给功能(F 代码)，以及插补功能、自诊断功能等。有些功能可以根据机床的特点和用途进行选择，如固定循环功能、刀具补偿功能、通信功能、特殊的准备功能(C 代码)、人机对话编程功能、图形显示功能等。不同类型、不同档次的数控机床，其 CNC 装置的功能有很大的不同，CNC 系统制造厂商或供应商会向用户提供详细的 CNC 功能和各功能的具体说明书。

(2)输入装置

输入装置可以通过多种方式获得数控加工程序。早期数控机床，通过读取穿孔纸带上的信息获得编写好的数控加工程序。目前可以通过 MDI 方式直接从键盘输入和编辑数控加工程序，也可以通过 USB 接口、RS232C 接口等获得数控加工程序。有些高档的数控装置本身就包含了自动编程系统或 CAD/CAM 系统，只需通过键盘输入相应的零件几何信息和加工信息，就能生成数控加工程序。

(3)伺服驱动装置

伺服驱动装置又称伺服系统，是 CNC 装置和机床本体的联系环节，把来自 CNC 装置的微弱指令信号调节、转换、放大后驱动伺服电机，通过执行部件驱动机床运动，使工作台精确定位或使刀具与工件按规定的轨迹做相对运动，最后加工出符合图纸要求的零件。数控机床的伺服驱动装置包括主轴伺服驱动单元、进给伺服驱动单元、回转工作台和刀库伺服控制装置以及它们相应的伺服电机等。

伺服系统分为步进电机伺服系统、直流伺服系统、交流伺服系统、直线伺服系统。步进电机伺服系统比较简单、价格又低廉，所以在经济型数控车床、数控铣床、数控线切割中仍有使用。直流伺服系统从 20 世纪 70 年代到 80 年代中期在数控机床上获得了广泛的应用，但由于直流伺服系统使用机械(电刷、换向器)换向，维护工作量大。80 年代以后，由于交流伺服电机的材料、结构、控制理论和方法均有突破性的进展，电力电子器件的发展又为控制方法的实现创造了条件，使得交流伺服电机驱动装置发展很快，目前正在取代直流伺服系统。该系统的最大优点是电机结构简单、不需要维护、适合在恶劣环境下工作。此外，交流伺服电机还具有动态响应好、转速高和容量大等优点。在交流伺服系统中，除了驱动级外，电流环、速度环和位置环可以全部采用数字化控制。交流伺服的控制模型、数控功能、静/动态补偿、前馈控制、最优控制、自学习功能等均由微处理器及其控制软件高速实时地实现，使得其性能更加优越，已达到和超过直流伺服系统。直线伺服系统是一种新型高速、高精度的伺服机构，已开始在数控机床中使用。

(4)位置反馈系统

位置反馈分为伺服电动机的转角位移反馈和数控机床执行机构(工作台)的位移反馈两

种，运动部分通过传感器将上述角位移或直线位移转换成电信号，输送给 CNC 单元，与指令位置进行比较，并由 CNC 单元发出指令，纠正所产生的误差。

(5)机床的机械部件

数控机床的机械结构，除了主动系统、进给系统以及辅助部分(如液压、气动、冷却和润滑部分)等一般部件外，尚有些特殊部件，如储备刀具的刀库、自动换刀装置(ATC)、自动托盘交换装置等。与普通机床相比，数控机床的传动系统更为简单，但机床的静态和动态刚度要求更高，传动装置的间隙要尽可能小，滑动面的摩擦系数要小，并要有合适的阻尼，以适应对数控机床高定位精度和良好控制性能的要求。

(6)PLC

在数控系统中除了进行轮廓轨迹控制和点位控制外，还应控制一些开关量，如主轴的启动与停止、冷却液的开与关、刀具的更换、工作台的夹紧与松开等，在目前的数控系统中主要由 PLC 完成。

2.1.2　数控机床的工作原理

图 2-2 为数控机床的组成框图，数控机床的工作原理如图 2-3 所示，在数控机床上加工零件通常经过以下几个步骤：

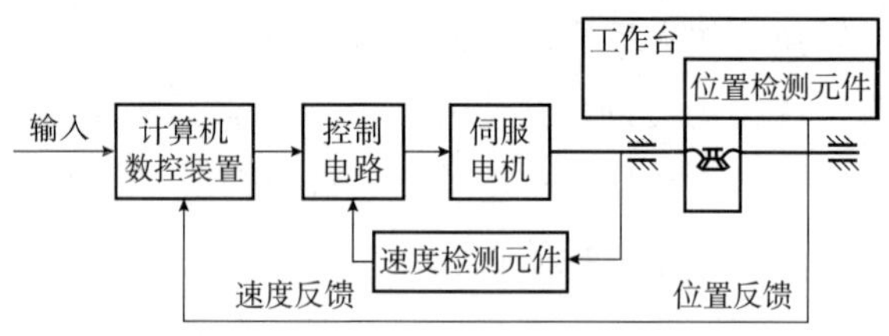

图 2-2　数控机床的组成框图

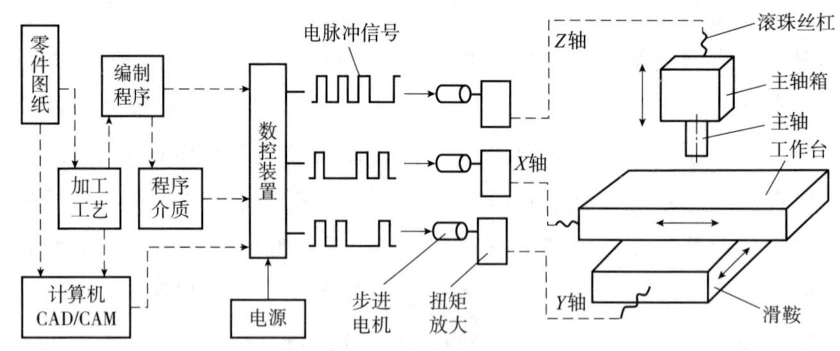

图 2-3　数控机床的工作原理

(1)根据加工零件的图样与工艺方案，用规定的代码和程序格式编写程序单，并把它记录在载体上；

(2)把程序载体上的程序通过输入装置输入到 CNC 单元中去；

(3)CNC 单元将输入的程序处理之后，向机床各个坐标的伺服系统发出信号；

(4)伺服系统根据 CNC 单元发出的信号，驱动机床的运动部件，并控制必要的辅助操作；

(5)通过机床机械部件带动刀具与工件的相对运动，加工出要求的工件；

(6)检测机床的运动，并通过反馈装置反馈给 CNC 单元，以减小加工误差。

2.2　计算机控制系统

2.2.1　数控系统的基本硬件结构

数控系统(CNC)通常由微机基本系统、人机界面接口、通信接口、进给轴位置控制接口、主轴控制接口以及辅助功能控制接口等部分组成。

20 世纪 70 年代中期，数控装置开始采用大规模集成电路的小型计算机作为硬件，取代先前的以中小规模集成电路为基础的硬件数控，这标志着数控技术由硬件数控进入了 CNC 时代。CNC 的出现使机床数控装置的体积大大缩小、功能更强、可靠性大幅提高。随着微处理器的诞生，出现了以微处理器为基础的 CNC 系统，如日本的 FANUC 和德国的 SIEMENS 联合研制的 FANUC7 系列，之后又出现了采用 Intel 8086 CPU 的 FANUC 3/6 系列。随着计算机技术的发展以及用户对 CNC 功能要求的不断提高，CNC 的硬件结构也从单 CPU 结构发展到多 CPU 结构，并出现了以个人计算机为基础的开放式 CNC 结构。

(1)单微处理器结构

单微处理器结构是指整个数控装置中只有一个微处理器，对存储、插补运算、输入输出控制、CRT 显示等功能进行集中控制和分时处理。该微处理器通过总线与存储器、输入输出接口及其他接口相连，构成整个 CNC 系统，其结构框图如图 2－4 所示。早期的 CNC 系统和当前的一些经济型 CNC 系统采用单微处理器结构。

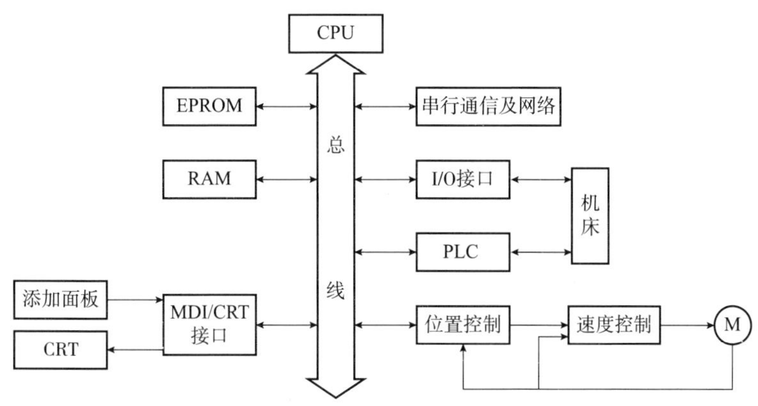

图 2－4　单微处理器结构框图

①微处理器

微处理器是 CNC 装置的中央处理单元，由运算器和控制器两部分组成，能实现数控系统的数字运算和管理控制。运算器对数据进行算术运算和逻辑运算。在运算过程中，运算器不断地从存储器中读取数据，并将运算结果送回存储器保存起来。通过对运算结果的判断，设置寄存器的相应状态(进位、奇偶和溢出等)。控制器则从存储器中依次取出程序指令，经过译码后向数控系统的各部分按顺序发出执行操作的控制信号，以执行指令。控制器一方面向各个部件发出执行任务的指令，另一方面接收执行部件发回的反馈信息。控制器根据程序中的指令信息和反馈信息，决定下一步的指令操作。

目前，CNC 装置中常用的有 8 位、16 位、32 位和 64 位的微处理器，可以根据机床实时控制和处理速度的要求，按字长、数据宽度、寻址能力、运算速度及计算机技术发展的最新成果选用适当的微处理器。

②总线

在单微处理器的 CNC 系统中常采用总线结构。总线一般可分为数据总线、地址总线和控制总线三组。数据总线为各部分之间传送数据，数据总线的位数和传送的数据宽度相等，采用双方向线。地址总线传送的是地址信号，与数据总线结合使用，以确定数据总线上传输的数据来源或目的地，采用单方向线。控制总线传送的是一些控制信号，如数据传输的读写控制、中断复位及各种确认信号，采用单方向线。

③存储器

CNC 装置的存储器包括只读存储器(ROM)和随机存储器(RAM)两类。ROM 一般采用可擦除的只读存储器(EPROM)，存储器的内容由 CNC 装置的生产厂家固化写入，即使断电，EPROM 中信息也不会丢失。EPROM 中的内容也可以通过用紫外线抹除之后重新写入的方法改变。RAM 中的内容可以随时被 CPU 读或写，但是断电后，RAM 信息也随之消失。如果需要断电后保留信息，一般需采用后备电池。

④输入/输出接口

CNC 装置和机床之间的信号传输是通过输入和输出接口电路来完成的。信号经输入接口电路送至系统寄存器的某一位，CPU 定时读取寄存器状态经数据滤波后作相应处理。同时 CPU 定时向输出接口送出相应的控制信号。一般在接口电路中采用光电耦合器或继电器将 CNC 装置和机床之间的信号进行电气隔离，防止干扰信号引起误动作。

⑤位置控制器

数控机床的主运动包括主轴转动和各坐标轴的进给运动。CNC 装置中的位置控制器主要是控制数控机床的进给运动的坐标轴位置，不仅对单个轴的运动和位置的精度有严格要求，在多轴联动时，还要求各坐标轴有很好的动态配合。对于主轴运动的控制，要求在很宽的范围内速度连续可调，并且每一种速度下均能提供足够的功率和扭矩。在某些高性能的 CNC 机床上还要求能实现主轴的定向准停，也就是主轴在某一给定角度位置停止转动。

⑥MDI/CRT 接口

MDI 接口是通过操作面板上的键盘，手动输入数据的接口。CRT 接口是在 CNC 软件

配合下，将字符和图形显示在显示器上。显示器一般是阴极射线管(CRT)，也可以是平板式液晶显示器(LCD)，一些先进的数控系统更提供了触摸屏接口。

⑦可编程控制器

可编程控制器(PLC)用来实现各种开关量(S、M、T)的控制，如主轴正转、反转及停止，刀具交换，工件的夹紧及松开，切削液的开、关以及润滑系统的运行，还包括机床报警处理等。

⑧通信接口

通信接口用来与外部设备进行信息传输，如与上位计算机或直接数字控制器 DNC 等进行数字通信，一般采用 RS232C 和 RS422/485 串口。现在，许多数控系统都提供方便实用的 USB 接口。

单微处理器结构的 CPU 通过总线与各个控制单元相连，完成信息交换，结构比较简单。但是由于只用一个微处理器来集中控制，CNC 的功能和性能受到微处理器字长、寻址功能和运算速度等因素的限制。

(2)多微处理器结构

多微处理器结构的数控装置中有两个或两个以上微处理器。多微处理器 CNC 装置的功能和单微处理器结构的一样，包括存储器、插补、位置控制、输入输出、PLC 等，不过多微处理器结构采用模块化技术，将每个功能进行模块化。一般包括 CNC 管理模块、CNC 插补模块、位置控制模块、存储器模块、自动编程模块、操作面板显示模块、主轴控制模块以及 PLC 功能模块。并不是每个模块都有一个微处理器，把带有 CPU 的称为主模块，而不带 CPU 的则称为从模块(如各种 RAM、ROM、I/O 模块等)。

多微处理器 CNC 装置在结构上可分为共享总线型和共享存储器型，通过共享总线或共享存储器，来实现各模块之间的互联和通信。

①共享总线结构

多微处理器结构的数控装置在共享总线型的结构中，所有主、从模块都插在配有总线插座的机柜内，共享标准的系统总线。系统总线的作用是把各个模块有效地连接在一起，按照标准协议交换各种数据和控制信息，实现各种预定的功能，如图 2-5 所示。

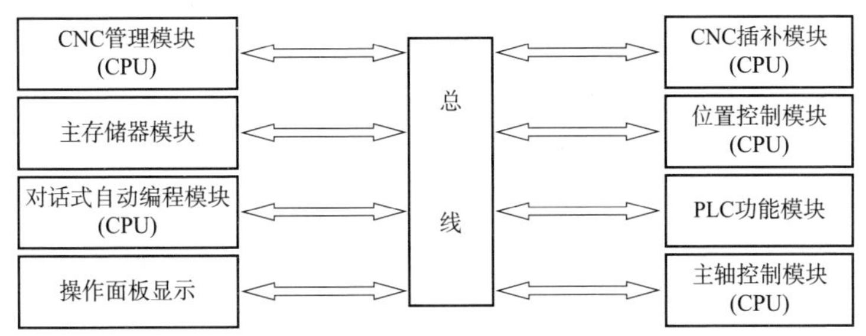

图 2-5　多微处理器共享总线结构框图

在共享总线结构中，只有主模块有权控制使用系统总线。但由于主模块不止一个，多个主模块可能会同时请求使用总线，而某一时刻只能由一个主模块占有总线。为此，系统设有总线仲裁电路。按照每个主模块负担任务的重要程度，预先安排各自的优先级别顺序。总线仲裁电路在多个主模块争用总线而发生冲突时，能够判别出发生冲突的各个主模块的优先级别的高低，最后决定由优先级高的主模块优先使用总线。

共享总线结构中由于多个主模块共享总线，易引起冲突，使数据传输效率降低，总线一旦出现故障，会影响整个 CNC 装置的性能。但由于其系统配置灵活、实现容易等优点而被广泛采用。

②共享存储器结构

在共享存储器型的结构中，所有主模块共享存储器。通常采用多端口存储器来实现各微处理器之间的连接与信息交换。每个端口都配有数据线、地址线和控制线供独立的 CPU 或控制器访问。同样，访问冲突可设计多端口控制逻辑电路来解决，其结构框图如图 2－6 所示。

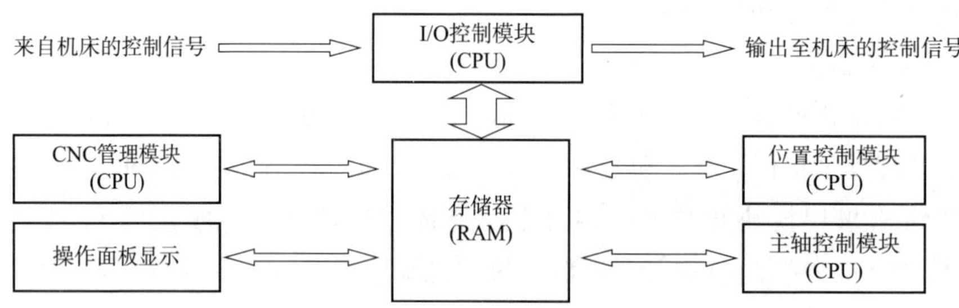

图 2－6　多微处理器共享存储器结构框图

在共享存储器结构中，各个主模块都有权控制使用存储器。即便是多个主模块同时请求使用存储器，只要存储器容量有空闲，一般不会发生冲突。在各模块请求使用存储器时，由多端口的控制逻辑电路来控制。

共享存储器结构中多个主模块共享存储器时，引起冲突的可能性较小、数据传输效率较高、结构也不复杂，所以也被广泛采用。

(3)开放式数控系统

前述的数控系统是由厂商专门设计和制造的，其特点是专用性强、布局合理，是一种专用的封闭系统，但是没有通用性，硬件之间彼此不能交换。各个厂家的产品之间不能互换，与通用计算机不能兼容，并且维修、升级困难，费用较高。

虽然专用封闭式数控系统在很长时期内占领了国际市场，但是随着计算机技术的不断发展，机械加工精度和速度的不断提高，人们对数控系统提出了更高的要求。要求数控系统的功能不断增强、性能不断改进、成本不断降低，CNC 技术要与计算机技术同步发展。显然，传统的封闭式的专用系统是难以适应这种需求的。因此，开放式数控系统的概念应运而生，国内外正在大力研究开发开放式数控系统，有的已经进入实用阶段。

开放式数控系统是一种模块化的、可重构的、可扩充的通用数控系统，以工业 PC 机作为 CNC 装置的支撑平台，再由各专业数控厂商根据需要装入自己的控制卡和数控软件

构成相应的 CNC 装置。由于工业 PC 机大批量生产，成本很低，因而也就降低了 CNC 系统的成本，同时工业 PC 机维护和升级均很容易。

以工业 PC 机为基础的开放式数控系统，很容易实现多轴、多通道控制，利用 Windows 工作平台，实现三维实体图形显示和自动编程相当容易。开发工作量大大减少，而且可以实现数控系统在三个不同层次上的开放。

①CNC 系统的开放。CNC 系统可以直接运行各种应用软件，如工厂管理软件、车间控制软件、图形交互编程软件、刀具轨迹校验软件、办公自动化软件、多媒体软件等，这大大改善了 CNC 的图形显示、动态仿真、编程和诊断功能。

②用户操作界面的开放。用户操作界面的开放使 CNC 系统具有更加友好的用户接口，有的甚至还具备远程诊断的功能。

③CNC 内核的深层次开放。通过编译循环，用户可以把自己用 C 语言或 C++语言开发的应用软件加到标准 CNC 的内核中。CNC 内核系统提供已定义的出口点。用户把自己的软件连接到这些出口点，通过编译循环，将其知识、经验、诀窍等专用工艺集成到 CNC 系统中去，形成独具特色的个性化数控机床。

通过以上三个层次的开放，能满足机床制造厂商和用户的种种需求，能使用户十分方便地把 CNC 应用到几乎所有应用场合。

(4)嵌入式数控系统

随着嵌入式处理器的广泛使用，数控装置中也采用了嵌入式微处理器，这种数控系统在市场上被称为嵌入式数控系统。采用了嵌入式处理器的数控装置和先前的数控装置在功能上相似，不过由于嵌入式处理器强大的计算能力和扩展能力，嵌入式数控系统的计算速度更快，与外界的接口也更丰富，图 2-7 为嵌入式数控系统的结构框图。

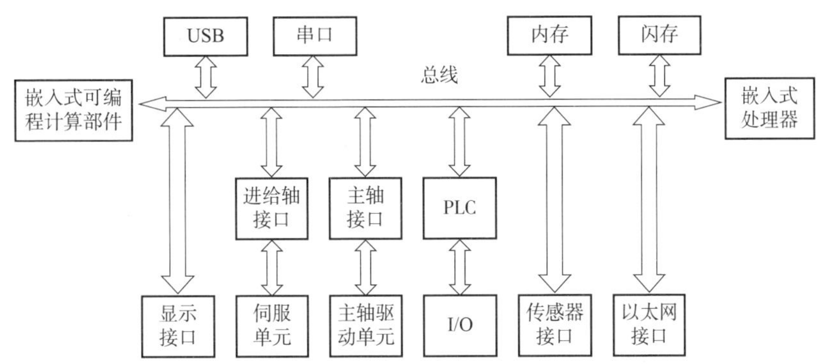

图 2-7　嵌入式数控系统的结构框图

嵌入式处理器是整个系统运算和控制中心，种类很多，比较常用的有 ARM、嵌入式 X86、MCU 等。可编程计算部件是指现场可编程门阵列(FPGA)、数字信号处理器(DSP)等可编程计算资源。嵌入式处理器中集成了 LCD 控制器，提供与液晶显示器的接口，通过这个接口可以直接驱动液晶显示屏。嵌入式处理器中还集成了 USB 客户端控制器，方便实现 USB 客户端接口。嵌入式处理器中的以太网模块还可以实现数控系统的联网功能。

2.2.2 数控系统控制软件的功能与结构

(1)计算机数控装置的软件结构

①CNC 装置的软件组成

CNC 装置的软件构成如图 2-8 所示，包括管理软件和控制软件两大部分。管理软件主要包括数据输入、I/O 处理、通信、诊断和显示等功能。管理软件不仅要对切削加工过程的各个程序进行调度，还要对面板命令、时钟信号、故障信号等引起的中断进行处理。控制软件包括速度控制、插补控制和位置控制及开关量控制等，控制软件还负责译码、刀具补偿功能等。

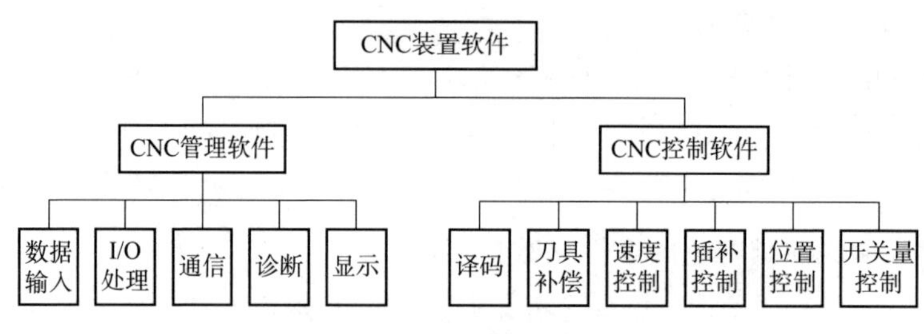

图 2-8 CNC 装置的软件构成

②CNC 系统软件的工作过程

CNC 系统是在硬件的支持下执行软件程序的工作过程。下面从输入、译码、数据处理、插补、位置控制、诊断程序等方面来简要说明 CNC 工作情况。

a. 输入

CNC 系统一般通过键盘、RS232C 接口等方式输入信息，输入的内容包括零件数控加工程序、控制参数和补偿数据。这些输入方式采用中断方式来实现，且每一种输入法均有一个相对应的中断服务程序。其工作过程是先输入零件加工程序，然后将程序存放到缓冲器中，再经缓冲器将程序存储在零件程序存储器单元内。对于控制参数和补偿数据等可通过键盘输入存放在相应的数据寄存器内。

b. 译码

译码是以一个程序段为单位对零件数控加工程序进行处理。在译码过程中，首先对程序段的语法进行检查，若发现错误，立即报警；若没有错误，则把程序段中的零件轮廓信息(如起点、终点、直线或圆弧等)、加工速度信息(F 代码)和其他辅助信息(M、S、T 代码等)按照一定的语法规则解释成微处理器能够识别的数据形式，并以一定的数据格式存放在指定存储器的内存单元。

c. 数据处理

数据处理是指刀具补偿和速度控制处理。通常包括刀具长度补偿、刀具半径补偿、反向间隙补偿、丝杠螺距补偿、过象限及进给方向判断、进给速度换算、加减速控制及机床辅助功能处理等。刀具补偿的作用是把零件轮廓轨迹转换成刀具中心轨迹，有的 CNC 装置中，还能实现程序段之间的自动转接和过切判别等。速度控制处理是根据程序中所给的刀具移动速度计算各运动在坐标方向的分速度，保证其不超过机床允许的最低速度和最高速度，如超出则报警。

d. 插补

插补是在一条给定了起点、终点和形状的曲线上进行“数据点的密化”。根据给定的进给速度和曲线形状，计算一个插补周期内各坐标轴进给的长度。数控系统的插补运算是一项精度要求较高、实时性很强的运算。插补精度直接影响工件的加工精度，而插补速度决定了工件的表面粗糙度和加工速度。通常插补分为粗插补和精插补，精插补的插补周期一般取伺服系统的采样周期，而粗插补的插补周期是精插补的插补周期的若干倍。一般的CNC 装置中，能对直线、圆弧和螺旋线进行插补。一些较专用或高档 CNC 装置还能完成椭圆、抛物线、渐开线等插补工作。

e. 位置控制

位置控制是指在伺服系统的每个采样周期内，将精插补计算出的理论位置与实际反馈位置信息进行比较，其差值作为伺服调节的输入，经伺服驱动器控制伺服电机。在位置控制中通常还要完成位置回路的增益调整、各坐标的螺距误差补偿和反向间隙补偿，以提高机床的定位精度。

f. 诊断程序

诊断程序包括两部分：一是在系统运行过程中进行的检查与诊断；二是在系统运行前或故障发生停机后进行的诊断。诊断程序一方面可以防止故障的发生，另一方面在故障出现后，可以帮助用户迅速查明故障的类型和发生部位。

(2)CNC 系统的软件结构特点

CNC 系统是一个实时多任务系统，由于 CNC 装置本身就是一台计算机，所以在 CNC 系统的控制软件设计中，采用了许多计算机软件结构设计的思想和技术。这里主要介绍多任务并行处理、前后台软件结构、中断型软件结构以及开放式数控软件结构。

①多任务并行处理

在多数情况下，CNC 装置进行数控加工时，要完成多种任务。管理软件和控制软件的某些工作必须同时进行。例如，为使操作人员能及时了解 CNC 装置的工作状态，管理软件中的显示模块必须与控制软件中其他模块同时运行。当在插补加工运行时，管理软件中的零件程序输入模块必须与控制软件中的相关模块同时运行。而当控制软件运行时，其本身的一些处理模块也必须同时运行。又如，为了保证加工过程的连续性，即刀具在各程序段之间不停刀，译码、刀具补偿和速度处理模块必须与插补模块同时运行，而插补程序又必须与位置控制程序同时运行。可见，数控加工是个多任务并行的过程，数控加工的多任务可以采用并行处理的方式来实现。

并行处理方法可分为资源共享和时间重叠两种方法。资源共享是根据“分时共享”的原则，使多个用户按时间顺序使用同一设备。时间重叠是根据流水线处理技术，使多个处理过程在时间上相互错开，轮流使用同一设备的几个部分。

图 2－9 为各模块间多任务的并行处理。图中双箭头表示两个模块之间存在并行处理关系。

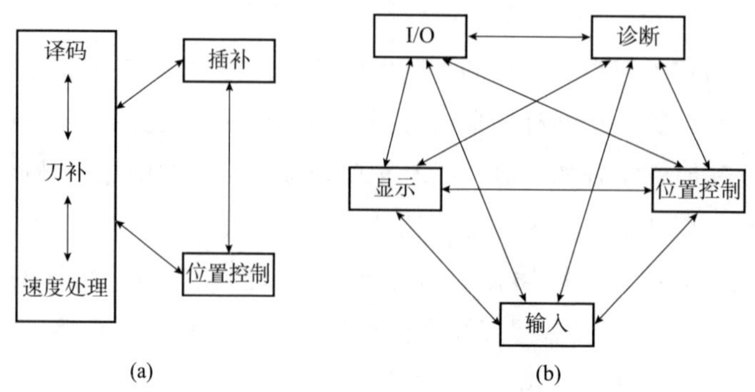

图 2－9　各模块间多任务的并行处理

②前后台型软件结构

前后台型软件结构适合于单微处理器 CNC 装置。在这种软件结构中，前台程序是一个实时中断服务程序，承担了与机床动作直接相关的实时功能，如插补、位置控制、机床相关逻辑和监控等。后台程序是一个循环执行程序，承担一些实时性要求不高的功能，如输入、译码、数据处理等插补准备工作，管理程序一般也在后台运行。在后台程序循环运行的过程中，前台的实时中断程序不断地定时插入，二者密切配合，共同完成零件的加工任务。如图 2－10 所示，程序一经启动，经过一段初始化程序后便进入后台程序循环。同时开放定时中断，每隔一定时间间隔发生一次中断，执行一次实时中断服务程序，执行完毕后返回后台程序，如此循环往复，完成数控加工的全部功能。

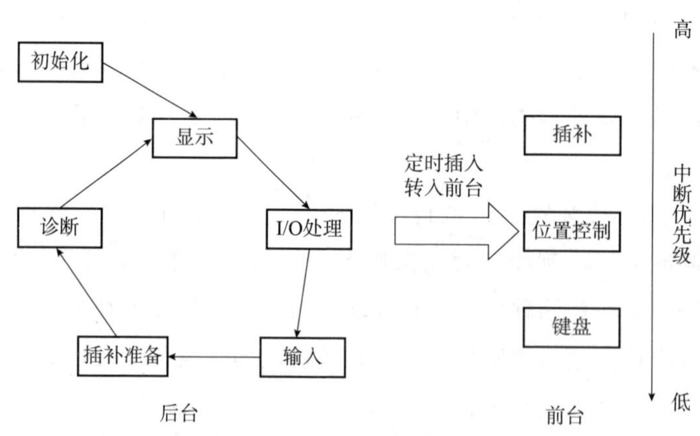

图 2－10　前后台型软件结构

③中断型软件结构

中断型软件结构没有前后台之分，整个软件是一个大的中断系统，整个系统软件的各种功能模块分别安排在不同级别的中断程序中。在执行完初始化程序之后，系统通过响应

不同的中断来执行相应的中断处理程序，完成数控加工的各种功能。其管理功能主要通过各级中断服务程序之间的相互通信来解决。

CNC 中断优先级共分 8 级，0 级最低、7 级最高，除了第 4 级为硬件中断完成报警功能外，其余均为软件中断。

④开放式数控系统软件结构

开放式数控系统充分发挥了 PC 机软件资源丰富和处理数据速度快的优点，吸收了 CAD/CAM 的特点，在利用造型软件生成零件图后，将图形的格式文件转化为数控加工 G 代码，然后将 G 代码解释为板卡的运动控制参数，最后通过调用运动函数库内的插补函数，达到实现机床控制的目的。

⑤基于实时多任务操作系统的嵌入式数控系统软件结构

近年来，随着嵌入式系统硬软件技术的快速发展，数控系统逐渐采用基于实时多任务操作系统的嵌入式系统，以简化系统结构，便于开发和调试。这类数控系统的软件结构如图 2－11 所示，可以分为系统平台和应用软件两大部分。系统平台包括计算机硬件和实时多任务的操作系统，以及数控实时模块。应用软件包括一般的应用程序接口，可以和 CAD/CAM 系统或其他的应用程序相连。

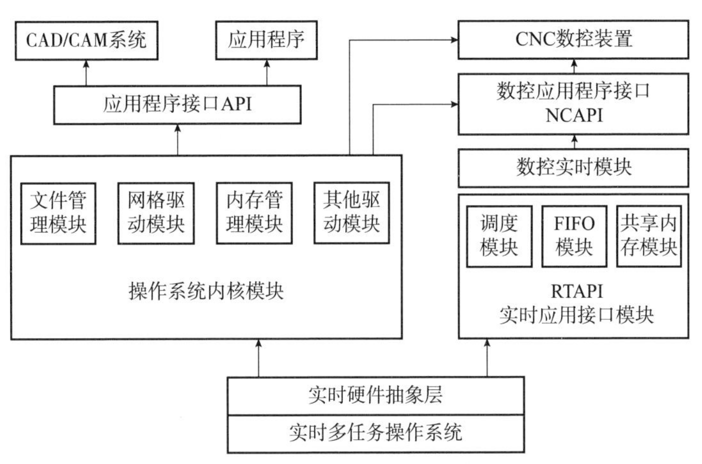

图 2－11　嵌入式数控系统的软件结构

数控实时模块除了 PLC 之外的部分是不对外开放的，用户可以通过 NCAPI 使用底层的功能。底层模块完成插补任务(粗插补、精插补、单段、跳段、并行程序段处理)、PLC 任务(报警处理，M、S、T 处理，急停和复位处理，虚拟轴驱动程序，刀具寿命管理，突发事件处理)、位置控制任务(齿隙补偿、螺距补偿、极限位置控制、位置输出)、伺服任务(控制伺服输出、输入)以及公用数据区管理(系统中所有资源的控制信息管理)。实时应用软件通过共享内存、FIFO 和中断与底层模块进数据交换。

数控应用软件负责零件程序的编辑、解释，参数的设置，PLC 的状态显示，MDI 及故障显示，加工轨迹、加工程序行的显示等，数控应用软件开发接口是为针对不同的机床和不同的要求而提供的通用接口函数，在此之上可以方便地开发出具体的数控系统。统一的API保证系统的可移植性和模块的互换性；系统开发集成环境中的配置功能可以通过配置不同的软件模块实现系统性能的伸缩性，系统性能的伸缩性则通过更换系统硬件得以保证。

2.3 数控机床的机械系统

2.3.1 数控机床机械机构

(1)数控机床机械结构的组成

数控机床的机械结构主要由以下几部分组成：

①主传动系统，包括动力源、传动件及主运动执行件(主轴)等，其功能是将驱动装置的运动及动力传给执行件，以实现主切削运动；

②进给传动系统，包括动力源、传动件及进给运动执行件(工作台、刀架)等，其功用是将伺服驱动装置的运行与动力传给执行件，以实现进给切削运动；

③基础支承件，指床身、立柱、导轨、滑座、工作台等，支承机床的各主要部件，并使其在静止或运动中保持相对正确的位置；

④辅助装置，视数控机床的不同而异，如自动换刀系统、液压气动系统、润滑冷却装置等。

(2)数控机床机械结构的特点

随着机电技术和数控技术的不断发展，数控机床高精度、高生产率、高柔性和高自动化等特点日趋明显，因而对机械结构提出了更高的要求。

数控机床的机械结构总的特点可用两句话概括：支承刚强抗振好，传动精密摩擦小。具体反映在以下几个方面：

①支承件的高刚度化：床身、立柱等采用静、动刚度和抗振性等特性均佳的支承结构；

②传动机构精简化：用主轴的伺服驱动系统取代普通机床的多级齿轮传动系统，使传动链高度精简；

③传动元件高精化：采用高精度、高效率、低摩擦的传动元件，例如滚珠丝杠副、静压蜗轮蜗杆副、塑料滑动导轨、滚动导轨、静压导轨等，这些传动元件具有精度高、摩擦小的特点，最大限度地减少了爬行等现象；

④辅助操作自动化：数控机床采用多种辅助装置，实现了高自动化的辅助操作，如多主轴、多刀架结构、自动夹紧装置、自动换刀装置、自动排屑装置、自动润滑冷却装置、刀具破损检测和监控装置等。

为了使数控机床达到高精度、高效率和高自动化的要求，应使机床本体的主要部件具有高精度、高刚度、低摩擦、高谐振频率和适当阻尼等特性，从而使数控机床达到预定各项性能指标。为此，应着重从以下主要方面入手，设计和改进数控机床的机械结构。

①提高数控机床构件的刚度

在机械加工中，机床的部件和工件将承受多种外力的作用，其中包括部件和工件的自重、驱动力、切削力、惯性力和摩擦阻力等，受力部件在这些力的作用下会产生变形，如机床基础件的弯曲和扭转变形、支承构件的局部变形、固定连接面和运动啮合面的接触变形等，这些变形都会直接或间接地引起刀具和工件之间产生相对位移，破坏刀具和工件的原有正确位置，从而影响机床的加工精度和切削过程的特性。由于数控机床具有高精度、高效率和高自动化的特点，所承受的外力负载条件更为恶劣，而加工误差也很难由人工干预进行修正和补偿，所以数控机床的变形对加工精度的影响将会更严重。为了保证数控机床的加工精度，应使其机械结构具有更高的抵抗变形的能力，即提高数控机床构件的刚度。

根据所受力的不同性质，机床刚度可分为静刚度和动刚度两种。机床的静刚度是指机床在稳定载荷力(如主轴箱、拖板部件的自重和刀具工件的重力等)的作用下抵抗变形的能力；机床的动刚度是指机床在交变载荷(如周期变化的切削力、齿轮啮合的冲击力、旋转运动的动态不平衡力和间隙进给的不稳定力等)的作用下防止振动的能力，与机械系统构件的阻尼率有关。

为了提高数控机床的刚度，通常可采取以下措施：

a. 采用合理的机床结构布局

机床结构布局对机床部件的受力情况有很大影响。采用合理的结构布局能减少部件承受的弯矩和扭矩，从而提高机床的刚度。在如图 2－12 所示的卧式镗床或卧式加工中心的布局中，图(a)、(b)、(c)所示的主轴箱是单向悬挂在立柱侧面上的，这样，将使立柱在主轴箱自重的作用下受到较大的弯矩和扭矩，引起较大的弯曲和扭曲变形，从而直接引起加工误差。而图 2－12(d)所示主轴箱的重心位于立柱的对称面内，因主轴箱自重产生的弯矩和扭矩就减小到最低限度，一般不会引起立柱的变形，即使在切削力的作用下，其弯曲和扭曲变形也大大减小，从而使机床刚度明显提高。

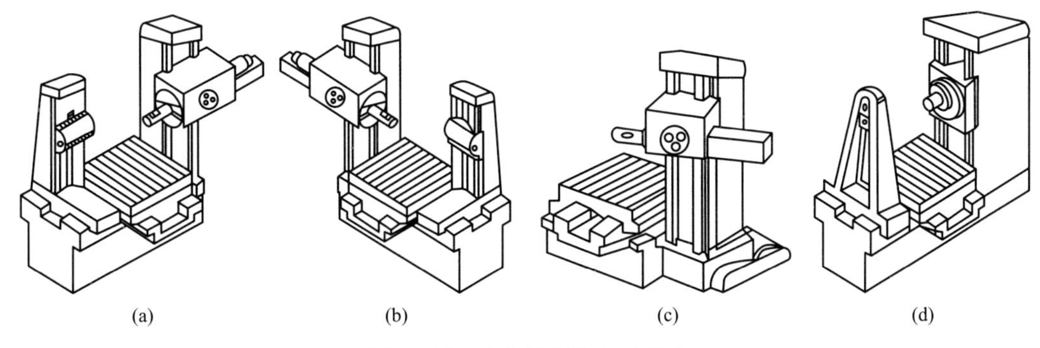

图 2－12　几种机床的布局形式

b. 优化设计基础件的截面形状和尺寸

机床基础件在外力的作用下，将产生弯曲和扭转变形，变形的大小则取决于基础件的截面抗弯和抗扭惯性矩，抗弯、抗扭惯性矩大，变形则小，刚度就高；反之，变形则大，刚度就低。

c. 合理选择和布置筋板

合理布置基础件的筋板可提高刚度。

d. 提高机床各部件的接触刚度

无论是机床各部件的固定接触面，还是运动副的配合面，总是存在着宏观和微观不平，两面之间的真正接触只是在一些高点，因而实际接触面积小于两接触面的面积。因此，在承载时，作用在接触点的压强要比平均压强大得多，导致产生接触变形。

由于机床总有较多的静、动接触面，因而注意提高接触刚度，有利于减少接触变形、提高机床的整体刚度和加工精度。

e. 支承件采用钢板焊接结构

近年来，数控机床床身用钢板焊接结构代替铸铁件的趋势不断增强，从开始在小批量的重型机床上应用，逐步发展到有一定批量的中型机床。焊接床身的刚度高于铸造床身，这是由于两种床身的筋板布置不同，钢板焊接床身容易采用合理的筋板布置形式，从而充分发挥壁板和筋板的承载和抵抗变形的作用，提高刚度。焊接结构还无须铸造床身所需的出砂口，而做成刚度好的封闭式箱形结构。

f. 补偿有关零部件的静力变形

在外力作用下，机床变形是不可避免的。如能采取措施减小变形，就相当于提高了机床的刚度。从这一思路出发，产生了多种补偿有关零部件静力变形的方法，并被普遍应用于补偿因自重而引起的静力变形。

②提高机床结构的抗振性

机床在加工时，可能产生振动，振动一般可分为强迫振动和自激振动两种形式。机床的振动会使刀具在被加工零件的表面上留下振纹，影响加工表面质量，同时有可能损坏刀具或减少刀具使用寿命，严重时使加工过程不能继续进行。机床的抗振性是指机床抵抗振动的能力。

强迫振动是在各种动态力(如回转零件的不平衡力、周期变化的切削力、往复运动件的换向力等)作用下被迫产生的振动。如果动态力的频率与某部件的固有频率相同，则将发生共振。机床的动刚度是指机床在交变载荷的作用下防止振动的能力，也即机床抵抗强迫振动的能力。

自激振动是在无外界动态力的情况下，由切削过程自身激发的振动。自激振动的频率一般接近或略高于机床主振型的低阶固有频率，振幅较大，对加工产生很不利的影响。在机床刚度、刀具切削高度、工件和刀具材料、切削用量都一定的情况下，影响自激振动的主要因素是切削宽度，因此可将不产生自激振动的最大切削宽度称为临界切削宽度，作为判断机床切削稳定性即抵抗自激振动能力的指标。

为了提高机床的抗振性，需从提高机床的静刚度、固有频率和增加阻尼等方面入手。

对于增加阻尼的措施，可从以下几个方面入手：

a. 基础件内腔充填泥芯和混凝土等阻尼材料

在基础件内腔中充填泥芯和混凝土等材料，有利于利用这些材料的内摩擦来耗散振动能量，从而提高结构的阻尼特性。

b. 采用新材料制造基础件

近10多年来，国外一些公司致力于采用新材料制造基础件，在提高机床刚度和抗振性等方面取得了实质性进展，并已应用于实际生产。

例如，德国在加工中心中采用丙烯酸树脂混凝土床身；瑞士在数控外圆磨床上采用树脂混凝土床身；美国采用花岗岩粉末与环氧树脂胶合的材料制作加工中心床身，均为这方面的实例。

c. 表面采用阻尼涂层

在弯曲振动结构件的表面上喷涂一层具有较高内阻尼和较高弹性的黏滞材料(如沥青基制成的胶泥减振剂、高分子聚合物和油漆腻子等)，涂层越厚、阻尼越大，这种涂层工艺，提供了不改变原结构设计而获得较高阻尼比的方法，提高了结构件的抗振性。

d. 充分利用接合面间的阻尼

在焊接结构件时，壁板和筋板之间采用交替的焊一段、空一段的间断焊接，利用空一段接合面在振动时的摩擦来消耗振动能量，从而获得良好的阻尼特性。

③减小机床的热变形

机床的热变形，尤其是数控机床的热变形是影响加工精度的重要因素。

引起机床热变形的热源主要是机床的内部热源，如电机发热、摩擦热和切削热等。由于热源分布不均匀，多热源产生的热量不相等和各零件质量不等，导致机床各部分温升不一致，从而产生不均匀的温度场和热膨胀变形，破坏了刀具与工件的正确相对位置，影响了机床的加工精度。

由于数控机床的主轴转速、进给速度和切削热远高于普通机床，因而发热远比普通机床严重，由热变形而引起的加工误差又很难人工修正，因而必须对减小数控机床热变形予以高度重视。

减小机床热变形可从以下几个主要方面入手：

a. 减少机床内部热源和发热量

为了减少机床内部热源的发热量，常用的措施有：主运动采用直流和交流调速电机，精简传动机构，减少传动齿轮；采用低摩擦系数的导轨和轴承；液压系统中采用变量泵或将其置于机床本体之外。

由于炽热切屑是不可忽视的热源，因此为了快速排屑，工作台和机床主轴常呈倾斜或立式布局，有时还设置自动排屑装置，将切屑随时排到机床外。

b. 改善散热与隔热条件

对发热部位采用散热。风冷、液冷等方式控制温升、吸收热量是数控机床使用较多的一种减小热变形方法。其中强制冷却是较有效的方法之一，例如对主轴箱或主轴部件采用强制润滑冷却，有的甚至采用主轴内部冷却和制冷后的润滑油进行循环冷却。

在工作台或导轨等重要部件上设置隔热防护罩，把切屑隔离在外，既起到隔热作用，又起到保护台面和导轨面的作用。

c. 合理采用机床的结构和布局

尽可能采用热传导对称的结构，例如图 2-12(d)所示的双柱对称形式。热变形对这种结构的主轴轴线变位影响就较小，因为在热变形时，其主轴中心在水平位置上保持不变。如果采用图 2-12(a)、(b)、(c)所示的主轴箱单悬立柱的结构形式，则热变形对主轴影响就比较大，热变形会使主轴轴线在水平位置上发生改变。

在结构设计中，应设法使热量比较大的部位的热量向热量小的部位传导或流动，以使结构件的各部位均热，这也是减小热变形的有效措施。

采用预拉伸的滚珠丝杠结构可减小丝杠的热变形，这种方法是在加工滚珠丝杠时，使螺距略小于名义值，装配时进行预拉伸，从而使螺距达到名义值。这样，在丝杠工作时，丝杠中的拉应力补偿了热应力，从而减少了热伸长。

2.3.2 数控机床的主传动系统

(1)对主运动系统的要求

主运动是机床实现切削的最基本的运动，也是在切削过程中速度最高、耗能最大的运动。由于数控机床具有精度高、效率高和自动化程度高的特点，因而数控机床与普通机床相比，主轴转数更高、变速范围更宽、消耗功率更大。根据机床不同类型和加工工艺特点，数控机床对其主运动系统提出以下特定要求：

①调速功能：为适应不同工件材料、刀具及各种工艺要求，对中高档数控机床，尤其是加工中心，要求主轴应有较好的调速特性，即应具有较宽的调速范围、较小的静差度和较佳的调速平滑性，以保证加工时选用合理的切削用量，获得最佳切削效率、加工精度和表面质量。

②功率要求：要求主轴具有足够的驱动功率或输出扭矩，能满足机床进行强力切削时的要求。

③精度要求：不仅要求主轴的回转精度高，而且要求主轴有足够的刚度、抗振性和热稳定性。

④动态响应性能：要求升降速时间短，调速时运转平稳。对需要同时能实现正反转切削的机床，为避免产生冲击，还要求换向时可以进行自动加减速控制。

(2)主运动的传动方式

与普通机床相比，数控机床的主运动系统具有传动链短、传动元件少和传动可靠性高的特点。数控机床主运动的传动方式主要有三种，如图 2-13 所示。

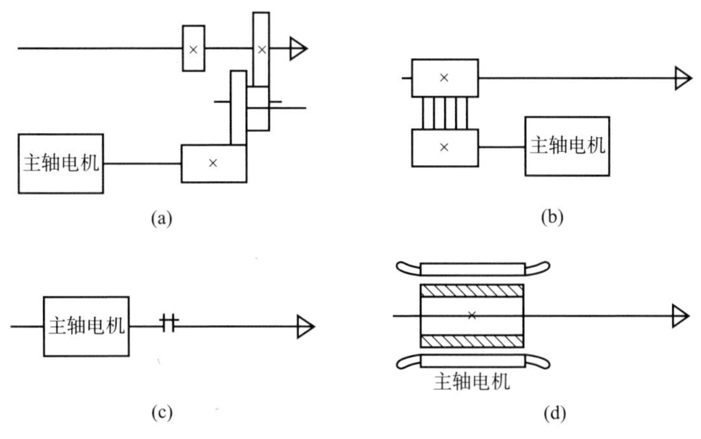

图 2 - 13　数控机床主运动的传动方式

①带有变速齿轮的主传动

这种传动方式在大中型数控机床上采用较多，如图 2 - 13(a)所示。主轴电机经一级或二级(少数情况有多级)齿轮变速，实现分段无级变速，既能确保低速时的扭矩，又能扩大调速范围，进行齿轮变速的滑移齿轮移位大都采用液压拨叉或直接由液压缸带动齿轮来实现，但也有采用电磁离合器实现变速齿轮自动变速的。

②使用带传动的主传动

这种传动方式主要用于小型机床上，如图 2 - 13(b)所示。可以避免齿轮传动时引起的振动和噪声，但只适宜于低转矩特性的主轴。现代机床的带传动越来越多地采用了同步带传动，这是一种带的工作面和带轮外圆均制成齿形，通过带齿与轮齿嵌合而进行的传动，具有无滑动、传动平稳、噪声小、传动效率高、适用范围广和维护保养方便等特点。

③调速电动机直接驱动的主传动

这种传动方式多用于主轴转速达 10000r/min 以上的高速数控机床。它又有两种类型，一种是如图 2 - 13(c)所示的直驱式结构，主轴电机输出轴通过精密联轴器直接与主轴相联，其优点是结构紧凑、传动效率高，但主轴转速变化及转矩输出完全与电机的输出特性一致，因而使用上受到一定限制。另一种如图 2 - 13(d)所示，称为内装电机，其主轴与电机主轴融为一体，优点是结构紧凑、重量轻、惯量小、响应频率高、振动小，但电机发热对主轴精度影响大。为了控制电机温度，有时采用主轴内冷和定子外冷的方法进行有效的冷却，也有采用油气润滑和喷注润滑等方法进行冷却润滑和控制温升，当然这使电机的成本增加。

(3)主轴部件

主轴部件是主运动的执行部件，夹持刀具和工件并带动其旋转。数控机床的主轴部件由主轴、支承和安装在其上的传动零件等组成。主轴部件的精度、静动刚度和热变形等技术参数对加工质量有直接的影响，主轴部件结构的先进性已成为衡量机床水平的重要标志之一。

主轴端部一般用于安装刀具或夹持工件的夹具，在结构上，应确保定位准确、安装可靠、连接牢固、装卸方便，并能传递足够大的扭矩。目前，主轴端部结构已经标准化。

数控机床的主轴支承要根据主轴转速、承载能力和回转精度等主轴部件性能要求来选择采用不同种类的轴承。一般中小型数控机床的主轴部件多采用滚动轴承。重型数控机床采用液体静压轴承，高精度数控机床采用气体静压轴承，转速在 $2\times10^4\sim10\times10^4$ r/min 的高速主轴可采用磁力轴承或陶瓷滚珠轴承。

(4)主轴的准停装置

在加工中心带有刀库的数控机床自动更换刀具时，必须使主轴停转且能准确地停在一个固定位置上，否则无法进行换刀，因为传递扭矩的端面键在圆周方向上的位置必须在每一次换刀时保持一致，才能顺利拔出和插入刀具。此外，在进行镗孔和反倒角等加工时，也要求主轴实现准确停止，使刀尖固定在一个固定的圆周方位上，为此加工中心主轴必须具有主轴准停装置。

主轴准停装置分机械控制和电气控制两种形式。

①机械准停装置

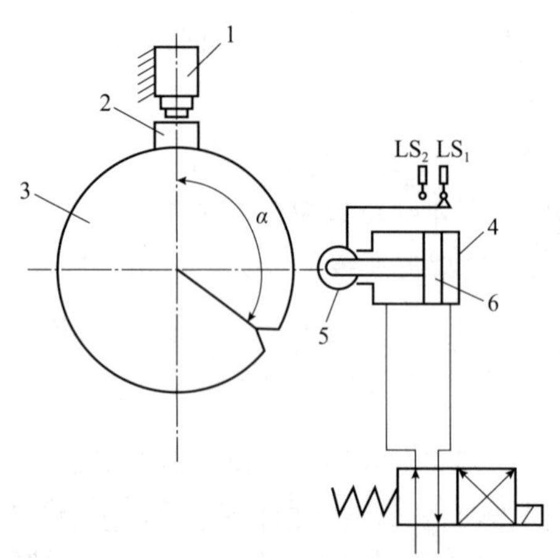

图 2－14　V 形槽定位盘准停装置

1—无触点开关，2—感应块，3—定位盘，4—定位油缸，5—定向滚轮，6—活塞，LS—行程开关

图 2－14 所示为一种利用 V 形槽定位盘的机械式准停装置。在主轴上固定有 V 形槽定位盘 3，使 V 形槽与主轴上的端面键保持所需的相对位置，其工作原理是：准停前主轴处于停止状态，当接收到准停指令后，主轴电机以低速转动，主轴箱内齿轮换挡，使主轴以低速旋转，时间继电器开始动作并计时，延时 4～6s，以保证主轴转稳后接通无触点开关 1 的电源，当主轴转到图示位置，即 V 形槽定位盘 3 的感应块 2 与无触点开关 1 接近到位时发出信号，使主轴电机停转，与此同时另一时间继电器开始动作并计时，延时 0.2～0.4s 后，二位四通电磁阀的电磁线圈断电，压力油进入定位油缸 4 右腔，推动活塞 6 左移，当装在活塞 6 上的定向滚轮 5 顶入 V 形槽定位盘 3 的 V 形槽内时，行程开关 LS 发信号，主轴准停完成。

重新启动主轴时，必使二位四通电磁阀的电磁线圈通电，压力油进入定位油缸 4 的左腔，推动活塞 6 右移，到位时行程开关 LS 发信号，表明定向滚轮 5 已退出 V 形槽，主轴即可重新启动工作。机械准停装置虽然动作准确可靠，但因结构复杂，现代数控机床一般都采用电气准停装置。

②电气准停装置

电气准停装置如图 2－15 所示，在主轴或与主轴相关联的传动轴上安装一个永久磁铁 4，在距永久磁铁 4 的转动轨迹外 1～2mm 处，固定一磁传感器 5。换刀时，机床数控装置发出主轴停转指令，主轴电机 3 即降速，主轴低速回转，当永久磁铁 4 对准磁传感器 5 时，磁传感器即发出准停信号，信号放大后，由定向电路使电机准确地停在规定的圆周位置上。这种准停装置结构简单，定向时间短、定向精度和可靠性较高，能满足一般换刀要求。

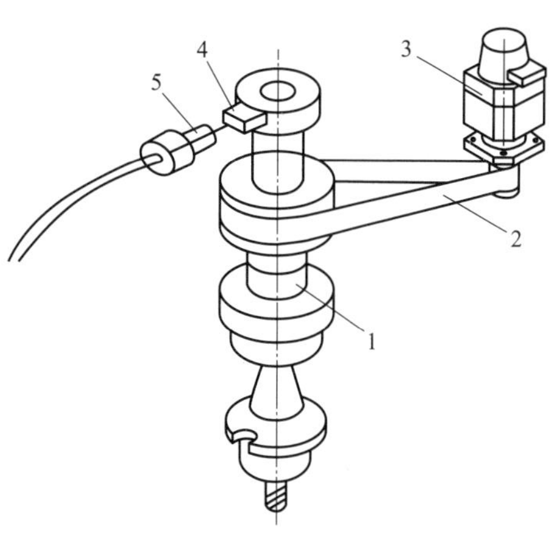

图 2－15　电气准停装置

1—主轴，2—同步带，3—主轴电机，4—永久磁铁，5—磁传感器

(5)主轴的换刀装置、刀库和机械手

①自动换刀装置

为了实现数控机床的自动换刀功能，除了上述主轴准停装置以外，还需要有相应的刀具自动松开和夹紧的装置。电主轴内的刀具夹紧松开装置工作原理：气(液)压缸提供松开刀具需要的动力，碟簧提供夹紧刀具需要的拉力。放松刀具时，气(液)压推动活塞向前运动，进而推动刀具拉杆向前运动来实现松刀动作。夹紧刀具时，活塞向后运动，拉杆在碟簧的弹力作用下向后运动，进而拉紧刀具。

②刀库

顾名思义是存放刀具的仓库，就是把加工零件所用的刀具都存放在这里，在加工过程中由机械手抓取。刀库形式主要有盘式刀库和链式刀库两种。

盘式刀库容量为 30 把左右。如果刀库容量太大，就会造成刀库的转动惯量过大。一般中小型加工中心使用盘式刀库的较多。

链式刀库容量较大，可以装载 100 把刀具，甚至更多。链式刀库容量较大，主要是因为箱体类零件加工内容多，使用刀具的数量也就相应增加。

③机械手

在加工中心上进行换刀经常采用机械手，它可完成抓刀拔刀、交换主轴和刀库中刀具位置、插刀、复位等动作。

2.3.3　数控机床的进给系统

数控机床的进给系统的运动采用无级调速的伺服驱动方式，因而大大简化了驱动变速箱的结构，通常进给系统由一级或二级的齿轮副(或带轮副)和滚珠丝杠螺母副(或齿轮齿条副、蜗轮蜗杆副)组成。

近年来，国外有的厂家已将直线伺服电机用于数控机床的进给传动系统，因而使进给系统传动链更为简单、可靠性更高、稳定性更好。

由于数控机床的进给运动是数字控制的直接对象，因而进给运动的传动精度、灵敏度和稳定性将在很大程度上影响被加工零件的最后轮廓精度和加工精度。为此，在提高传动部件的刚度、减小传动部件的惯量、缩小传动部件的间隙和减小系统的摩擦阻力等方面，对数控机床的进给传动系统提出了更高的要求。

2.3.4　数控机床的导轨部件

数控机床的运动精度和定位精度不仅受机床零部件的加工精度、装配精度、刚度和热变形的影响，而且与运动件的摩擦特性紧密相关。

机床导轨是机床基本结构的要素之一。机床的加工精度和使用寿命在很大程度上取决于导轨的加工质量，对于数控机床来说，导轨的质量要求更高，要求高速移动不振动，低速进给不爬行，且有高的灵敏度、耐磨性和精度保持性等。这些质量要求都与导轨副的摩擦特性有关，即要求摩擦系数小，静、动摩擦系数之差小。

目前数控机床采用的导轨主要有塑料滑动导轨、滚动导轨和静压导轨。

2.3.5　机床工作台

为扩大数控机床的加工范围，提高生产效率，数控机床除了沿 X、Y、Z 三个坐标轴方向的直线进给运动外，常需有绕 X、Y、Z 三个坐标轴的圆周运动。数控机床依靠回转工作台实施圆周运动。常用的回转工作台有分度工作台和数控回转工作台，前者的功能是将工件分度转位，达到分别加工工件各个表面的目的，而后者除了分度和转位的功能之外，还能实现数控回转进给运动。

(1)分度工作台

分度工作台的功能是按数控指令完成自动分度运动，能进行工件在加工中的自动转位换面，从而实现一次装夹，多面加工。这不仅提高了数控机床的效率，而且减少了装夹误差和加工误差。

由于结构上的原因，分度工作台的分度运动只限于某些规定的角度，不能实现 0°～360°范围内的任意角度的分度。为了保证加工精度，分度工作台的定位方式有销定位、反靠定位、齿盘定位和钢球定位等。

(2)回转工作台

数控回转工作台，不但能完成 0°～360°范围内任意角度的分度运动，而且还能进行连续圆周进给运动。它采用伺服驱动系统来实现回转、分度和定位，其定位精度由控制系统决定。根据控制方式，数控回转工作台可分为开环数控回转工作台和闭环数控回转工作台两种。

与开环直线进给机构一样，开环数控回转工作台可以用功率步进电机或电液脉冲马达来驱动。

闭环数控回转工作台与开环数控回转工作台基本相同，区别在于闭环数控回转工作台由直流或交流伺服电机驱动，且有转动角度测量元件(圆光栅、圆感应同步器、脉冲编码器等)。其测量结果反馈并与指令值进行比较，若有偏差经放大后控制伺服电机向消除偏差的方向转动，从而使工作台更精确地回转或定位，因而工作台定位精度更高。

思考与练习

2-1 数控机床从机械结构来说，由哪几部分组成？

2-2 数控机床机械结构上有哪些特点？

2-3 对数控机床进行总体布局时，需要考虑哪些方面的问题？

2-4 什么叫脉冲？它在数控机床加工中起什么作用？

2-5 什么是插补？简述插补原理。

2-6 计算机数控系统由哪几部分组成？各组成部分的作用是什么？

2-7 CNC系统软件一般包括哪几部分？各完成什么工作？

2-8 数控系统的控制功能包括哪些内容？其中哪些内容是必不可少的？为什么？

2-9 前后台型软件结构是如何划分的？

2-10 加减速控制的作用是什么？

2-11 斜床身和平床身斜滑板这种布局形式具有什么特点？

2-12 简述数控机床对进给系统机械传动机构的要求。

2-13 在设计和选用机械传动结构时，必须考虑哪些问题？

2-14 数控机床主轴部件一般由哪些组成？

2-15 简述主轴准停装置的工作原理及作用。

2-16 为什么在数控机床的进给系统中普遍采用滚珠丝杠副？

2-17 数控机床常用的导轨有哪几种？各有什么特点？

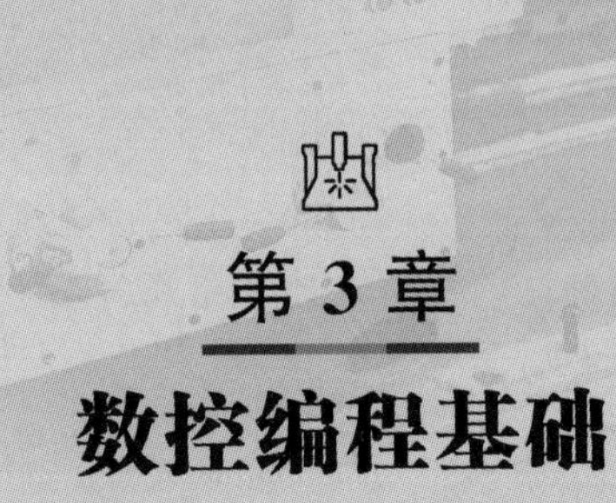

第 3 章 数控编程基础

3.1 概述

3.1.1 数控编程的基本概念

数控机床之所以能加工出不同形状、不同尺寸和精度的零件，是有编程人员为它编制不同的加工程序，数控编程工作是数控机床使用中最重要的一环。数控编程技术涉及制造工艺、计算机技术、数学、人工智能、微分几何等众多学科领域知识。

在加工程序编制之前，首先对零件图纸规定的技术要求、几何形状、加工内容、加工精度等进行分析。在分析基础上确定加工方案、加工路线、对刀点、刀具和切削用量等，然后进行必要的坐标点计算。在完成工艺分析并获得坐标点的基础上，将确定的工艺过程、工艺参数、刀具位移量与方向以及其他辅助动作，按走刀路线和所用数控机床规定的代码格式编制出程序单，经验证后通过 MDI、RS232C 接口、USB 接口、DNC 接口等多种方式输入数控系统，以控制机床自动加工。这种从分析零件图纸开始，获得数控机床所需的数控加工程序的全过程叫作数控编程。

3.1.2 数控编程的内容和步骤

数控编程的主要内容包括零件图纸分析、工艺处理、数学处理、程序编制、控制介质制备、程序校验和试切削。具体步骤与要求如下：

(1)零件图纸分析

拿到零件图纸后首先要进行数控加工工艺性分析，根据零件的材料、毛坯种类形状、尺寸、精度、表面质量和热处理要求等确定合理的加工方案，并选择合适的数控机床。

(2)工艺处理

工艺处理涉及内容较多，主要有以下几点：

a. 加工方法和工艺路线的确定：按照能充分发挥数控机床功能的原则，确定合理的加工方法和工艺路线。

b. 刀具、夹具的设计和选择：数控加工刀具确定时要综合考虑加工方法、切削用量、工件材料等因素，满足调整方便、刚性好、精度高、耐用度好等要求。数控夹具设计和选用时，应能迅速完成工件的定位和夹紧过程，以减少辅助时间。并尽量使用组合夹具、柔性夹具，以缩短生产准备周期。此外，所用夹具应便于安装在机床上，便于协调工件和机床坐标系的尺寸关系。

c. 对刀点的选择：对刀点是程序执行的起点，选择时应以简化程序编制、容易找正、在加工过程中便于检查、减小加工误差为原则。对刀点可以设置在被加工工件上，也可以设置在夹具或机床上。为了提高零件的加工精度，对刀点应尽量设置在零件的设计基准或工艺基准上。

d. 加工路线的确定：加工路线确定时要保证满足被加工零件的精度和表面粗糙度要求；尽量缩短走刀路线，减少空走刀行程。有利于简化数值计算，减少程序段的数目和编程工作量。

e. 切削用量的确定：切削用量包括切削深度、主轴转速及进给速度。切削用量的具体数值应根据数控机床使用说明书的规定、被加工工件材料、加工内容以及其他工艺要求，并结合经验数据综合考虑。

(3)数学处理

数学处理就是根据零件的几何尺寸和确定的加工路线，计算数控加工所需的输入数据。一般数控系统都具有直线插补、圆弧插补和刀具补偿功能，因此对于加工由直线和圆弧组成的较简单的二维轮廓零件，只需计算出零件轮廓上相邻几何元素的交点或切点(称为基点)坐标值。对于较复杂的零件或零件的几何形状与数控系统的插补功能不一致时，就需要进行较复杂的数值计算。例如，对于非圆曲线，需要用直线段或圆弧段做逼近处理，在满足精度的条件下，计算出相邻直线段或圆弧段的交点或切点(称为节点)坐标值；对于自由曲线、自由曲面和组合曲面的程序编制，其数学处理更为复杂，一般需要通过拟合和逼近处理，最终获得直线段或圆弧段的节点坐标值。

(4)程序编制

在完成工艺处理和数学处理工作后，可以根据所使用机床的指令格式，逐段编写零件加工程序。编程前，编程人员要了解数控机床的性能、功能以及程序指令，才能编写出正确的数控加工程序。此外，还应根据需要填写相关的工艺文件，如数控刀具卡片、加工示意图等。

(5)控制介质制备

程序编完后，需制作控制介质，作为数控系统输入信息的载体。目前主要有 U 盘、移动硬盘等。早期使用的穿孔纸带、磁带、软盘等，现已基本淘汰。数控加工程序还可直接通过数控系统操作面板手动输入到存储器，或通过 USB 接口、RS232C 接口、DNC 接口输入。

(6)程序校验和试切削

数控加工程序一般应经过校验和试切削才能用于正式加工。可以采用空走刀、空运转画图等方式检查机床运动轨迹与动作的正确性。在具有图形显示功能和动态模拟功能的数控机床上或CAD/CAM软件中，用图形模拟刀具切削工件的检验方法更为方便。但这些方法只能检验出运动轨迹是否正确，不能检查被加工零件的加工精度。因此，对于重要零件和复杂零件，在正式加工前一般还需进行试切削。当发现有加工误差时，可以分析误差产生的原因，及时采取措施加以纠正。

3.1.3 数控编程的方法

数控编程的方法主要分为两大类：手工编程和自动编程。

(1)手工编程

手工编程是指由人工完成数控编程的全部工作，包括零件图纸分析、工艺处理数学处理、程序编制等。

对于几何形状或加工内容比较简单的零件，数值计算也较简单，程序段不多，采用手工编程较容易完成。因此，在点位加工或由直线与圆弧组成的二维轮廓加工中手工编程方法仍被广泛使用。但对于形状复杂的零件，特别是具有非圆曲线、列表曲线或列表曲面的零件(如叶片、复杂模具)，用手工编程困难较大，计算相当繁琐，出错的可能增大，效率又低，有时甚至无法编出程序。因此必须采用自动编程方法编制数控加工程序。

(2)自动编程

自动编程是指由计算机来完成数控编程的大部分或全部工作，如数学处理、加工仿真、数控加工程序生成等。自动编程方法减轻了编程人员的劳动强度，缩短了编程时间，提高了编程质量，同时解决了手工编程无法解决的复杂零件的编程难题，也有利于与CAD等系统实现信息集成。工件表面形状越复杂、工艺过程越繁琐，自动编程的优势就越明显。

自动编程方法种类很多，发展也很迅速。根据信息输入方式及处理方式的不同，主要分为语言式编程、图形交互式编程、语音编程等方法。语言式编程以数控语言为基础，需要编写包含几何定义语句、刀具运动语句、后置处理语句的“零件源程序”，经编译处理后生成数控加工程序。这是数控机床出现早期普遍采用的编程方法；图形交互式编程是基于某一CAD/CAM软件或CAM软件人机交互完成加工图形定义、工艺参数设定，后经过系统自动处理生成刀具轨迹和数控加工程序，图形交互式编程是目前最常用的方法；语言编程是通过语音把零件加工过程输入计算机，经过系统处理后生成数控加工程序，由于技术难度较大，尚不通用。

3.1.4 数控机床坐标系

(1)坐标轴的命名及方向

为方便数控加工程序的编制以及使程序具有通用性，国际上数控机床的坐标轴和运动

方向均已标准化。我国也于 1982 年颁布了 JB 3051—82《数字控制机床坐标和运动方向的命名》，标准规定，在加工过程中无论是刀具移动、工件静止，还是工件移动、刀具静止，一般都假定工件相对静止，刀具在移动，并同时规定刀具远离工件的方向作为坐标轴的正方向。

直线运动的坐标轴采用右手笛卡儿坐标系，如图 3-1 所示。大拇指指向 X 轴的正方向，食指指向 Y 轴的正方向，中指指向 Z 轴的正方向，三个坐标轴互相垂直。此外，当数控机床直线运动多于三个坐标轴时，则用 U、V、W 轴分别表示平行于 X、Y、Z 轴的第二组直线运动坐标轴，用 P、Q、R 分别表示平行于 X、Y、Z 轴的第三组直线运动坐标轴。旋转运动的坐标轴用右手螺旋定则确定，用 A、B、C 分别表示绕 X、Y、Z 轴的旋转运动，旋转运动的正方向为四指的方向，A、B、C 以外的转动轴用 D、E 表示。

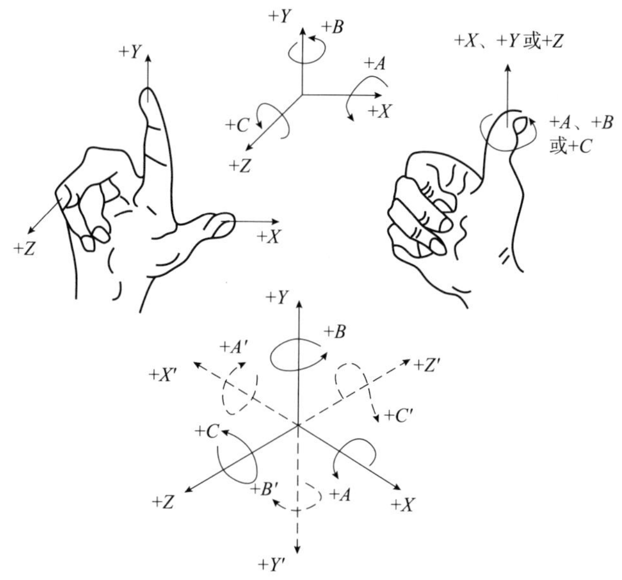

图 3-1　右手笛卡儿坐标系

(2)数控机床坐标轴的确定方法

①Z 轴的确定

在确定数控机床坐标轴时，一般先确定 Z 轴，后确定其他轴。通常将平行于机床主轴的方向定为 Z 坐标轴。当机床有多个主轴时，则选一个垂直于工件装夹面的主轴方向为 Z 轴。如果机床没有主轴，则 Z 轴垂直于工件装夹面。如果主轴能够摆动，在摆动范围内只与一个坐标轴平行，则这个坐标轴就是 Z 轴。如果摆动范围内能与多个坐标轴平行，则取垂直于工件装夹面的坐标轴为 Z 轴。同时规定刀具远离工件的方向作为 Z 轴正方向。

②X 轴的确定

X 轴平行于工件装夹面且与 Z 轴垂直，通常呈水平方向。对于工件旋转类机床(如数控车床、外圆磨床等)，X 轴方向是在工件的径向上，且平行于横滑座。X 轴的正方向取刀具远离工件的方向。对于刀具旋转类机床，如果 Z 轴是垂直的，则面对刀具主轴向立柱方向看，X 轴的正方向为向右方向。如果 Z 轴是水平的，则从刀具主轴后端向工件方向看，X 轴的正方向为向右方向。

③Y 轴的确定

X、Z 轴的正方向确定后，Y 轴可按图 3-1 所示的右手笛卡儿坐标系来判定。

④旋转或摆动轴确定

旋转或摆动运动中 A、B、C 的正方向分别沿 X、Y、Z 轴的右螺旋前进的方向。图 3-2 为各种数控机床的坐标系示例。

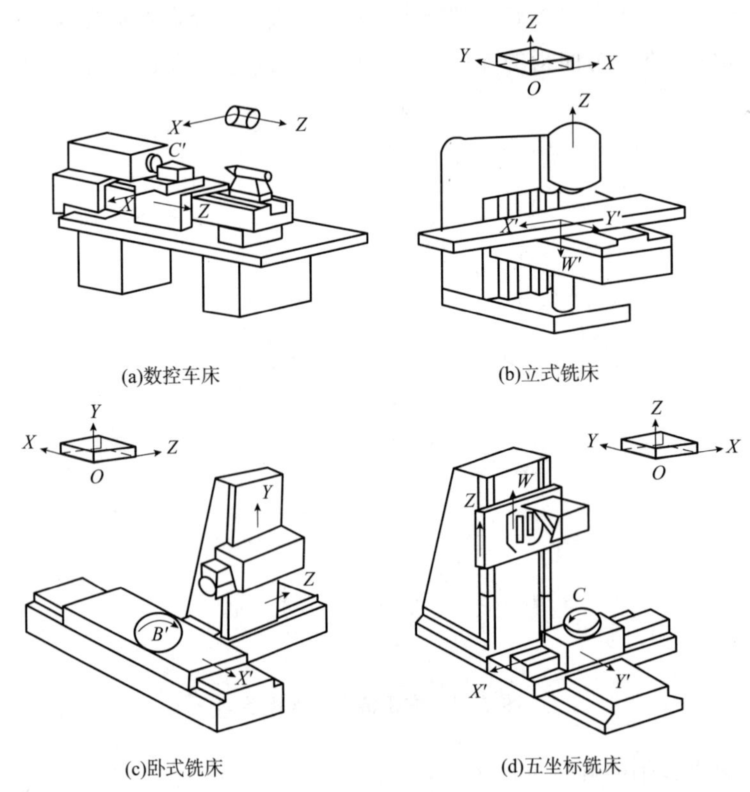

图 3-2　数控机床坐标系示例

(3)机床坐标系与工件坐标系

①机床坐标系与机床原点

机床坐标系是机床上固有的坐标系，用于确定被加工零件在机床中的坐标、机床运动部件的位置(如换刀点、参考点)以及运动范围(如行程范围、保护区)等。机床坐标系的原点称为机床原点或机床零点，是机床上的一个固定点，亦是工件坐标系机床参考点的基准点，由机床制造厂确定。

②工件坐标系与工件原点

工件坐标系是编程人员在编制零件加工程序时使用的坐标系，可根据零件图纸自行确定，用于确定工件几何图形上点、直线、圆弧等各几何要素的位置。工件坐标系的原点称为工件原点或工件零点，可用程序指令来设置和改变。根据编程需要，在零件的加工程序中可一次或多次设定或改变工件原点。

加工时，工件随夹具安装在机床上后，测量工件原点与机床原点间的距离，得到工件原点偏置值。该值在加工前需输入数控系统，加工时工件原点偏置值便能自动加到工件坐标系上，使数控系统按机床坐标系确定的工件坐标值进行加工。

(4)机床参考点

数控机床参考点是数控机床厂家设定在机床上的一个固定点，一般为机床各坐标轴的正极限位置，通过机床正确返回参考点，数控系统才能确定机床的原点位置，从而正确建立机床坐标系。

3.1.5　加工程序结构与格式

(1)加工程序的构成

一个完整的加工程序由若干程序段组成，程序的开头是程序名，结束时写有程序结束指令。例如：

```
O0001；程序名
N10 G92 X0 Y0 Z200.0；
N20 G90 G00 X50.0 Y60.0 S300 M03；
N30 G01 X10.0 Y50.0 F150；
…
N110  M30；程序结束指令
```

其中，第一个程序段“O0001”是整个程序的程序号，也叫程序名，由地址码 O 和四位数字组成。每一个独立的程序都应有程序号，它可作为识别、调用该程序的标志。

不同的数控系统，程序号地址码可不相同。例如，FANUC 系统用 O，AB8400 系统用 P，西门子系统用%。编程时应根据说明书的规定使用，否则系统将不接受。

每个程序段以程序段号“N××××”开头，用“;”表示程序段结束(有的系统用 LF、CR 等符号表示)，每个程序段中有若干个指令字，每个指令字表示一种功能，所以也称功能字。功能字的开头是英文字母、其后是数字，如 G90、G01、X100.0 等。一个程序段表示一个完整的加工工步或加工动作。

一个程序的最大长度取决于数控系统中零件程序存储区的容量。现代数控系统的存储区容量已足够大，一般情况下已足够使用。一个程序段的字符数也有一定的限制，如某些数控系统规定一个程序段的字符数小于等于 90 个，一旦大于限定的字符数，则把它分成两个或多个程序段。

(2)程序段格式

程序段格式是指一个程序段中功能字的排列顺序和表达方式。在国际标准 ISO 6983 - 1 和我国的国家标准 GB/T 8870.1 中都作了具体规定。目前数控系统广泛采用字地址程序段格式。

字地址程序段格式由一系列指令字或功能字组成，程序段的长短、指令字的数量都是可变的，指令字的排列顺序没有严格要求。各指令字可根据需要选用，不需要的指令字以及与上一程序段相同的续效指令字可以不写。这种格式的优点是程序简短、直观、可读性强、易于检验和修改。字地址程序段的一般格式为：

N _ G _ X _ Y _ Z _ … F _ S _ T _ M _ ;

其中，N 为程序段号字；G 为准备功能字；X、Y、Z 为坐标功能字；F 为进给功能字；S 为主轴转速功能字；T 为刀具功能字；M 为辅助功能字。

(3)主程序和子程序

数控加工程序可由主程序和子程序组成。在一个加工程序中，如果有多个连续的程序段在多处重复出现，则可将这些重复使用的程序段按规定的格式独立编号成子程序，输入数控系统的子程序存储区中，以备调用。程序中子程序以外的部分便称为主程序。在执行主程序的过程中，如果需要，可调用子程序，并可以多次重复调用。有些数控系统，子程序执行过程中还可以调用其他的子程序，即子程序嵌套，嵌套的层数依据不同的数控系统而定。通过采用子程序，可以加快程序编制，简化和缩短数控加工程序，便于程序更改和调试。

3.2 常用指令

3.2.1 数控编程中的常用指令

数控加工过程中的各种动作都是事先由编程人员在程序中用指令方式予以规定的，包括 G 代码、M 代码、F 代码、S 代码、T 代码等。G 代码和 M 代码统称为工艺指令，是程序段的主要组成部分。为了通用化，国际标准化组织(ISO)制定了 G 代码和 M 代码标准。

应当指出，由于数控系统和数控机床功能的不断增强，有些高档数控系统的 G 代码和 M 代码已超出 ISO 制定的通用国际标准，G 代码、M 代码的功能含义与 ISO 标准不完全相同。下面将介绍一些常用的工艺指令。

(1)准备功能 G 代码

代码是在数控系统插补运算之前需要预先规定，为插补运算做好准备的工艺指令，如坐标平面选择、插补方式的指定、孔加工等固定循环功能的指定等。G 代码以地址 G 后跟两位数字组成，常用的有 G00～G99，如表 3－1 所示。高档数控系统有的已扩展到三位数字(如 G107、G112)，有的则带有小数点(如 G02.2、G02.3)。

G 代码按功能类别分为模态代码和非模态代码。同一组对应的 G 代码称为模态代码，表示组内某 G 代码(如 G17)一旦被指定，功能一直保持到出现同组其他任一代码(如 G18

或G19)时才失效，否则继续保持有效。所以在编下一个程序段时，若需使用同样的G代码则可省略不写，这样可以简化加工程序编制。而非模态代码只在本程序段中有效。

下面对一些常用的G代码做进一步说明。

表3-1　准备功能G代码

G代码	组别	功能	G代码	组别	功能
★G00	01	快速点定位	★G54	14	选择第1工件坐标系
G01		直线插补(进给速度)	G55		选择第2工件坐标系
G02		圆弧/螺旋线插补(顺圆)	G56		选择第3工件坐标系
G03		圆弧/螺旋线插补(逆圆)	G57		选择第4工件坐标系
G04	00	暂停	G58		选择第5工件坐标系
★G15	17	极坐标指令取消	G59		选择第6工件坐标系
G16		极坐标指令	G61	15	准确停止方式
★G17	02	选择 *XY* 平面	★G64		切削方式
G18		选择 *XZ* 平面	G65	00	宏程序调用
G19		选择 *YZ* 平面	G66	12	宏程序模态调用
G20	06	英制尺寸输入	★G67		宏程序模态调用取消
G21		公制尺寸输入	G68	16	坐标旋转
G28	00	返回参考点	★G69		坐标旋转取消
G29		从参考点返回	G73	09	深孔钻削循环
G30		返回第2、3、4参考点	G76		精镗循环
G31		跳转功能	★G80		固定循环取消
★G40	07	刀具半径补偿取消	G81		钻孔循环、锪镗循环
G41		左侧刀具半径补偿	G82		钻孔循环或反镗循环
G42		右侧刀具半径补偿	G83		排屑钻孔循环
G43	08	正向刀具长度补偿	G84		攻丝循环
G44		负向刀具长度补偿	G85		镗孔循环
★G49		刀具长度补偿取消	★G90	03	绝对值编程
★G50	11	比例缩放取消	G91		增量值编程
G51		比例缩放有效	G92	00	设定工件坐标系
★G50.1	22	可编程镜像取消	★G94	05	每分钟进给
G51.1		可编程镜像有效	G95		每转进给
G52	00	局部坐标系设定	★G98	10	在固定循环中，*Z* 轴返回到起始点
G53		选择机床坐标系	G99		在固定循环中，*Z* 轴返回 *R* 平面

注：★为默认代码。

(2)辅助功能M代码

M代码以地址M为首后跟两位数字组成，共100种(M00～M99)。表3-2是标准中规定的 M 代码。M 代码是控制机床辅助动作的指令，如主轴正转、反转与停止，冷却液的开与关，工作台的夹紧与松开，换刀，计划停止，程序结束等。

表 3-2　辅助功能 M 代码

代码	意义	格式
M00	停止程序运行	
M01	选择性停止	
M02	结束程序运行	
M03	主轴正转	
M04	主轴反转	
M05	主轴停转	
M06	换刀指令	M06 T--；
M08	冷却液开启	
M09	冷却液关闭	
M30	结束程序运行且返回程序开头	
M98	子程序调用	M98 Pxxnnnn； 调用程序号为 Onnnn 的程序 xx 次
M99	子程序结束	子程序格式： Onnnn； … M99；

由于 M 代码与插补运算无直接关系，所以一般写在程序段的后面。

在加工程序中正确使用 M 代码是非常重要的，否则数控机床不能进行正常的加工。编程时必须了解清楚所使用数控系统的 M 代码和应用特点，才能正确使用。

下面介绍一些常用的 M 代码。

①M00——停止程序运行。在 M00 所在程序段其他指令执行后，用于停止主轴转动，关闭冷却液，停止进给，进入程序暂停状态，以便执行诸如手动变速、换刀、测量工件等操作，如果要继续执行，须重按“启动键”。

②M01——选择性停止。M01 指令与 M00 相似，差别在于 M01 指令执行时，操作者要预先按下控制面板上“任选停止”按钮，否则 M01 功能不起作用。该指令常用于一些关键尺寸的抽样检测以及交接班临时停止等情况。

图 3-3 是 M01 指令应用的例子。车削该轴时，为了知道尺寸是否合格，需要对第一个零件进行测量，即程序执行到⑧位置时，刀具需退出，然后测量尺寸，尺寸合格后再继续加工。这时可应用 M01 指令，程序执行过程如下：

①→②→③→④→⑤→⑥→⑦→⑧→⑨→⑩→①→M01

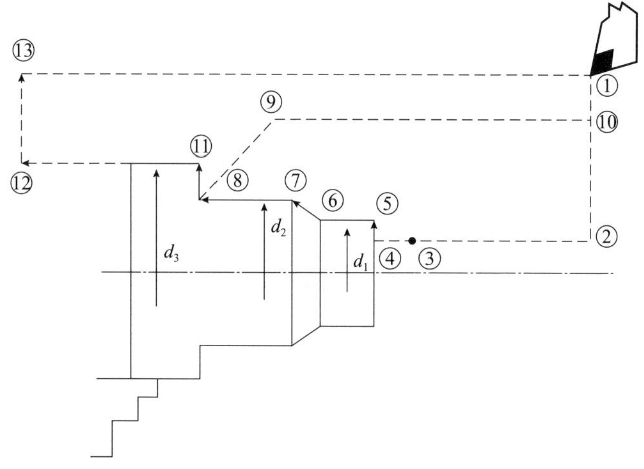

图 3-3　任选停止指令的应用

当第一个零件合格后，作为第一个零件测量用的程序段⑧→⑨→⑩→①从第二个零件起就不再需要。为此只需在上述四个程序段及 M01 前加上跳步字符“/”(ISO 标准编码)即可。在车削第一个零件时，操作面板上“跳步”开关断开，“任选停止”开关接通，“/”对程序不起作用，而 M01 起作用，故可实现测量的要求。当加工第二个零件时，两开关位置与上述相反，程序执行过程如下：

①→②→③→④→⑤→⑥→⑦→⑧→⑪→⑫→⑬→①→M30

③M02——结束程序运行。该指令编在最后一个程序段中。当全部程序执行完后，用此指令使主轴、进给、冷却液均停止，并使数控系统处于复位状态。

④M03、M04、M05——主轴正转、反转和停转指令。

⑤M06——换刀指令。常用于加工中心刀库换刀前的准备动作。

⑥M07、M08、M09——分别为雾状冷却液、液状冷却液开启及冷却液关闭的指令。

⑦M19——主轴定向停止。该指令使主轴准停在预定的角度位置上。

⑧M30——结束程序运行且返回程序开头。该指令与 M02 功能相似，但 M30 可使程序返回到开始状态。

3.3　数控加工工艺的制定

3.3.1　数控加工工艺的基本特点

无论是手工编程还是自动编程，在程序编制之前都要对所加工的零件进行工艺分析，制定工艺方案，选择合适的切削刀具，确定相关工艺参数。在编程过程中，对一些工艺问题例如换刀点的设置、加工路线的安排等也需要进行处理。因此工艺分析对于编程而言是非常重要的。虽然从原则来看，数控加工工艺与普通加工工艺基本相同，但数控加工又有其自身的一些特点。

(1)复杂的工序内容

由于通常数控机床的投入成本比普通机床高，如果只用来进行简单零件加工是不经济的，所以在数控机床上通常安排较复杂的加工工序，甚至是一些在普通机床上难以完成的工序。

数控机床加工工艺与普通机床加工工艺相比较，具有加工工序少、所需专用工装数量少等特点，数控加工的工序内容一般要比普通机床加工的工序内容复杂。从编程来看，加工程序的编制要比普通机床编制工艺规程复杂。在普通机床的加工工艺中不必考虑的问题，如工序内工步的安排、对刀点、换刀点及走刀路线的确定等问题，在编制数控加工工艺时都需认真考虑。

(2)数控加工的工序相对集中

采用数控加工，工件在一次装夹下能完成钻、铰、镗、攻螺纹等多种加工，因此数控加工工艺具有复合性，也可以说数控加工工艺的工序把传统机加工工艺中的工序"集成"了，这使得零件加工所需的专用夹具数量大为减少，零件装夹次数及周转时间也大大减少，从而使零件的加工精度和生产效率有了较大的提高。

3.3.2　数控加工工艺分析的主要内容

(1)选择并确定进行数控加工的零部件，确定工序内容；

(2)零件图形的数值计算与编程尺寸的设定；

(3)分析被加工零件图样，明确加工内容和技术要求，在此基础上确定零件的加工方案，制定数控加工工艺路线，如工序的划分、加工顺序的安排与传统加工工序的衔接等；

(4)设计数控加工工序，包括选择数控机床的类型，选择和设计刀具、夹具与量具，确定切削用量等；

(5)编写、校验和修改加工程序，如对刀点和换刀点的选择，加工路线的确定和刀具的补偿；

(6)首件试切与现场问题的处理；

(7)数控加工工艺技术文件的定型与归档。

3.3.3　数控加工工艺分析的步骤与方法

(1)数控机床的合理选用

一般考虑如下两种情况：

①有零件图样和毛坯，要选择适合加工该零件的机床；

②有数控机床，要选择适合在数控机床上加工的零件。

但无论是哪种情况，考虑的因素都有：毛坯的材料和类型、零件轮廓形状复杂程度、

尺寸大小、加工精度、零件数量、热处理要求等，即满足以下三点：要保证加工零件的技术要求、有利于提高生产率、尽可能降低生产成本。

(2)数控加工零件工艺性分析

①零件图上尺寸标注应符合编程方便的原则

图样上尺寸标注方法应符合数控加工的特点，应以同一基准引注尺寸或直接给出坐标尺寸，如图 3-4 所示。这样有利于尺寸之间的协调，在保持设计基准、工艺基准、检测基准与编程原点设置的一致性方面带来很大方便。

构成零件轮廓的几何元素的条件应充分，手工编程时要计算基点坐标。自动编程时要对构成零件轮廓的所有几何元素进行定义。因此，要分析几何元素的给定条件是否充分。如圆弧与直线、圆弧与圆弧在图样上相切，但根据图上给出的尺寸，在计算相切条件时，却变成了相交或相离的状态。

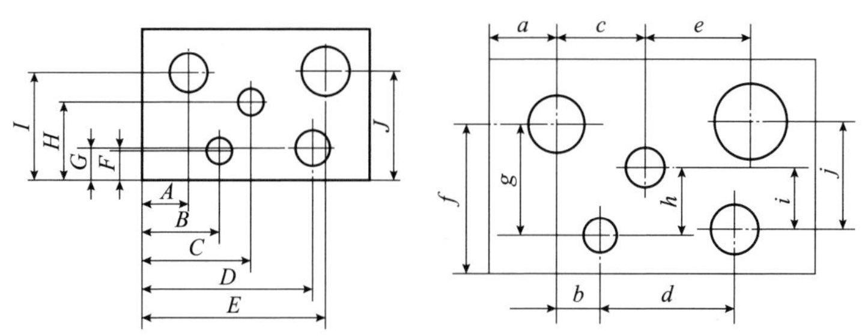

图 3-4　尺寸的正确标注

②加工部位结构工艺性应符合数控加工的特点

a. 零件的内腔和外形最好采用统一的几何类型和尺寸，以减少刀具规格和换刀次数。

b. 内槽圆角的大小决定着刀具直径的大小，所以其值不应过小。结构工艺性的好坏与被加工轮廓的高低、转接圆弧半径的大小等有关。

c. 零件铣削底平面时，槽底圆角半径不应过大。

d. 应采用统一定位基准。如没有统一的定位基准，则会由于工件的重新安装，导致加工后的两个面上轮廓位置及尺寸不协调。

零件上应有合适的工艺孔用来定位，如在毛坯上增加工艺凸耳或在后续工序中切除的余量上设置工艺孔。

(3)加工方法的选择与加工方案的确定

在保证加工表面的加工精度和表面粗糙度的要求的前提下，考虑生产率和经济性的要求，例如对于小尺寸的孔选择铰孔，而大的箱体孔一般选择镗孔。

(4)工序与工步的划分

利用数控机床加工零件，工序安排比较集中，一次装夹中尽可能完成大部分或全部工序。一般工序划分有以下几种方式：

①按粗、精加工划分工序，先粗后精。在进行数控加工时，可根据零件的加工精度、

刚度和变形等因素，遵循粗、精加工分开原则来划分工序，即先粗加工，全部完成之后再进行半精加工、精加工。在一次安装中不允许将工件的某表面不区分粗、精阶段，就按精度尺寸要求加工，然后再加工其他表面。粗、精加工之间，最好隔段时间，以使粗加工后零件的变形能得到充分恢复，然后再进行精加工，以提高零件的加工精度。

②按所用刀具划分工序。为减少换刀次数、节省换刀时间，减少不必要的定位误差，应将需用同把刀加工的加工部位全部完成后再换另把刀来加工其他部位，尽量减少空行程，用同把刀加工工件的多个部位时，应以最短的路线到达各加工部位。这种方法适用于工件待加工表面较多，机床连续工作时间较长，加工程序编制和检查难度较大等情况。在专用数控机床和加工中心上常用这种方法。

③按定位方式划分工序，工序可以最大限度集中。一次装夹应尽可能完成所有能够加工的表面加工，以减少工件装夹次数、减少不必要的定位误差。该方式适合于加工内容不多的零件，加工完毕后可以达到待检状态。例如，对同轴度要求很高的孔系，应在一次定位后，通过换刀完成该同轴孔系的全部加工，然后再加工其他坐标位置的孔，以消除重复定位误差的影响，提高孔系的同轴度。图 3－5 所示凸轮按定位方式分为两道工序。首先在普通机床上进行加工，以外圆表面和 B 平面定位加工端面 A 和 ϕ22H7 的内孔；然后加工端面 B 和 ϕ4H7 的工艺孔；最后在数控铣床上以加工过的两个孔和端面定位，铣削凸轮的外表面曲线。

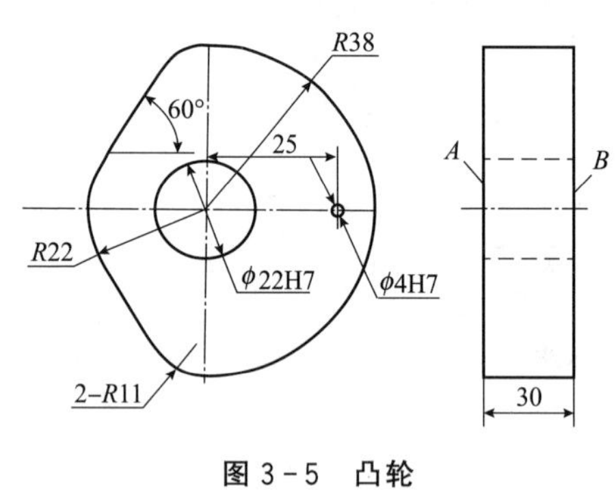

图 3－5　凸轮

④按加工部位划分工序。以完成相同型面的部分工艺过程作为一个工序。若零件加工内容较多，构成零件轮廓的表面结构差异较大，可按其结构特点将加工部位分为几个部分，如内形、外形、曲面或平面等，分别进行加工。工步的划分主要考虑加工精度和生产效率两个方面的因素，划分为以下几个原则：

先粗后精原则：对于同一加工表面，应按粗—半精加工顺序依次完成或全部加工表面按先粗后精分开进行，以减小热变形和切削力变形对工件的形状、位置精度、尺寸精度和表面粗糙度的影响。若加工尺寸精度要求较高时，可采用前者；若加工表面位置精度要求较高时，可采用后者。

先面后孔原则：对需加工的箱体类零件既有表面又有孔时，为保证孔的加工精度，应先加工表面后加工孔。

先内后外原则：对既有内表面又有外表面需加工的零件，通常应安排先加工内表面(内腔)后加工外表面(外轮廓)，即先进行内外表面粗加工，后进行内外表面精加工。

⑤按刀具划分工步原则：如果机床工作台回转时间比换刀时间短，可以采用按刀具划分工步，减少换刀次数，提高生产率。

(5)刀具的选择与切削用量的确定

刀具的选择：刀具的选择是数控加工工艺需要考虑的重要内容之一，不仅影响机床的加工效率，而且直接影响加工质量。编程时，选择刀具通常要考虑机床的加工能力、工序内容、工件材料等因素。

与普通加工相比，数控加工对刀具的要求更高。不仅要求精度高、刚度好、耐用度高，而且要求尺寸稳定、安装调整方便，这就对刀具材料和刀具参数提出了新的要求。

刀具选取，要使刀具的尺寸与被加工工件的表面尺寸和形状相适应。例如，平面类零件周铣轮廓，采用立铣刀加工；铣削平面时，选用硬质合金刀片铣刀；加工凹槽、凸台时，选择高速钢立铣刀；加工毛坯表面或粗加工孔时，选择机夹式的玉米铣刀。曲面加工常采用球头铣刀，但加工曲面上比较平坦部位时，球头铣刀切削条件比较差，故采用环形刀。

粗加工的任务是从被加工工件毛坯上切除绝大部分多余材料，通常所选择的切削用量较大，刀具所承担的负荷较重，要求刀具的刀体和切削刃均具有较好的强度和刚度。因而粗加工一般选用平底铣刀，刀具的直径尽可能选大，以便加大切削用量、提高粗加工生产效率。

精加工的主要任务是最终获得所需的加工表面，并达到规定的精度要求。通常精加工选择的切削用量较小，刀具所承受的负荷轻，其刀具类型主要根据被加工表面的形状要求而定。在满足要求的情况下，优先选用平底铣刀。另外刀具的耐用度和精度与刀具价格关系极大。必须引起注意的是，在大多数情况下选择好的刀具，虽然增加了刀具成本，但由此带来的加工质量和加工效率的提高，则可以使整个加工成本大大降低。

在经济型数控加工中，由于刀具的刃磨、测量和更换多为人工手动进行，占用辅助时间较长，因此必须合理安排刀具的排列顺序。一般应遵循以下原则：尽量减少刀具数量；一把刀具装夹后应完成其所能进行的所有加工部位；粗、精加工的刀具应分开使用，即使是相同尺寸规格的刀具；先铣后钻；先进行曲面精加工，后进行二维轮廓精加工；在可能的情况下，应尽量利用数控机床的自动换刀功能，以提高生产效率等。

数控加工刀具可以分为常规刀具和模块化刀具两大类。目前模块化刀具已经成为数控刀具的发展趋势，主要是由于以下原因：

①模块化刀具可以加快换刀及安装时间，减少换刀等待时间，提高了生产效率；

②提高了刀具的标准化、合理化程度；

③提高了刀具的管理和柔性加工水平；

④有效消除了刀具测量的中断现象，可以采用线外预调。

基于模块化刀具的发展，数控加工刀具形成了三大系统，即车削刀具系统、铣削刀具系统和钻削刀具系统。

(6)加工路线的确定

加工路线是指数控加工中刀具刀位点相对于被加工工件的运动轨迹和方向，即刀具从对刀点开始运动起直至结束加工程序所经过的路径，包括切削加工的路径及刀具引入、返回等非切削空行程，因此又称走刀路线，是编制程序的依据之一。加工路线直接影响刀位点的计算速度、加工效率和表面质量。加工路线的确定主要依据以下原则：

①加工方式、加工路线应保证被加工零件的精度和表面粗糙度。如铣削轮廓时，应尽量采用顺铣方式，以减少机床的“颤振”，提高加工质量；

②尽量减少进、退刀时间和其他辅助时间，尽量使加工路线最短；

③进、退刀位置应选在不太重要的位置，并且使刀具尽量沿切线方向进、退刀，避免采用法向进、退刀和进给中途停顿而产生刀痕；

④使数值计算方便，减少刀位计算工作量，减少程序段，提高编程效率。

对点位控制的机床，刀具相对工件的运动路线是无关紧要的，所以按照行程最短来安排。但对孔位精度要求较高的孔系加工，还应注意在安排孔加工顺序时，防止将机床坐标轴的反向间隙带入而影响孔位精度。如图 3－6 所示零件，若按图 3－6(a)所示路线加工时，由于 5、6 孔与 1、2、3、4 孔定位方向相反，Y 方向反向间隙会使定位误差增加，影响 5、6 孔与其他孔的位置精度。按图 3－6(b)路线，加工完 4 孔后往上多移动一段距离到 P 点，然后再折回来加工 5、6 孔，使方向一致，可避免引入反向间隙。

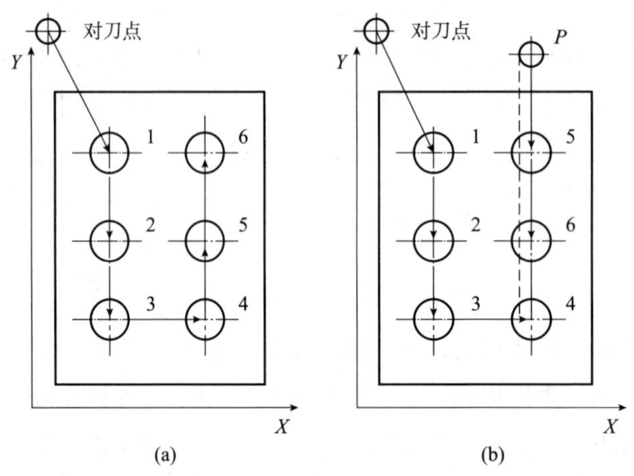

图 3－6　点位加工路线

铣削平面零件时，一般采用立铣刀侧刃进行切削。为减少接刀痕迹，保证零件表面质量，应对刀具的切入和切出程序精心设计。如图 3－7(a)所示，铣削外表面轮廓时，铣刀的切入、切出点应沿零件轮廓曲线的延长线，切向切入和切出零件表面，而不应沿法线方向直接切入零件，引入点选在尖点处较妥。如图 3－7(b)所示，铣削内轮廓表面时，切入和切出无法外延，这时铣刀可沿法线方向切入和切出或加引入引出弧改向，并将其切入、切出点选在零件轮廓两几何元素的交点处。但是，在沿法线方向切入和切出时，还应避免产生过切的可能性。

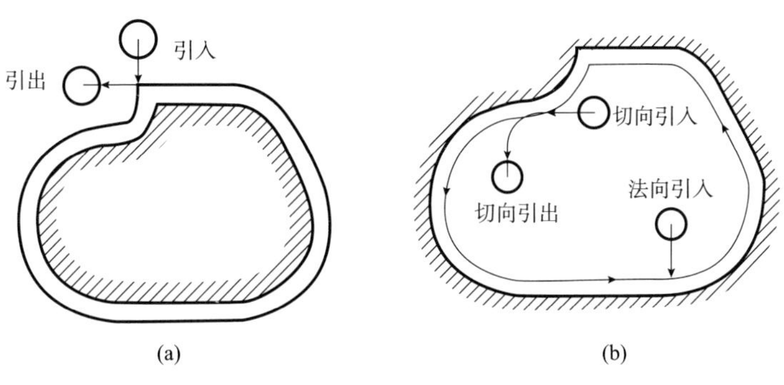

图 3-7　切入和切出

图 3-8 所示为型腔加工 3 种不同的路线，其中：图 3-8(a)为行切法，其加工路线最短、刀位计算简单、程序量少，但每一条刀轨的起点和终点会在型腔内壁上留下一定的残留高度，表面粗糙度高；图 3-8(b)为环切法，加工路线最长、刀位计算复杂、程序段多，但内腔表面加工光整，表面粗糙度最低；图 3-8(c)的加工路线介于前两者之间，先用行切法，最后用环切法光整轮廓表面，可综合行切法和环切法两者的优点且表面粗糙度较低，获得较好的编程和加工效果。因此，对于图 3-8(b)、图 3-8(c)两种路线，通常选择图 3-8(c)，而由于图 3-8(a)加工路线最短，适用于对表面粗糙度要求不太高的粗加工或半精加工。此外采用行切法时，需要用户给定特定的角度以确定走刀的方向，一般来讲走刀角度平行于最长的刀具路径方向比较合理。

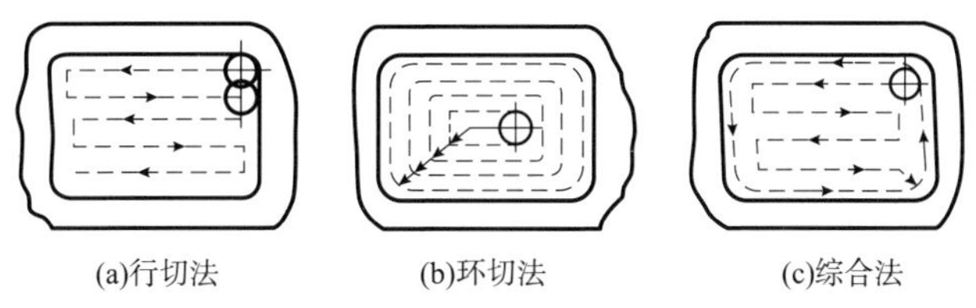

图 3-8　型腔加工的三种走刀路线

对于带岛屿的槽形铣削，如图 3-9 所示，若封闭凹槽内还有形状凸起的岛屿，则以保证每次走刀路线与轮廓的交点数不超过两个为原则，按图 3-9(a)方式将岛屿两侧视为两个内槽分别进行切削，最后用环切方式对整个槽形内外轮廓精切一刀。若按图 3-9(b)方式，来回地从一侧顺次铣切到另一侧，必然会因频繁地抬刀和下刀而增加工时。如图 3-9(c)所示，当岛屿间形成的槽缝小于刀具直径，则必然将槽分隔成几个区域，若以最短工时考虑，可将各区视为一个独立的槽，先后完成粗、精加工后再去加工另一个槽区。若从预防加工变形考虑，则应在所有的区域完成粗铣后，再统一对所有的区域先后进行精铣。

对于曲面铣削，常用球头铣刀采用“行切法”进行加工。图 3-10 所示大叶片类零件，当采用图 3-10(a)所示沿纵向来回切削的加工路线时，每次沿母线方向加工，刀位点计算简单、程序少，加工过程符合直纹面的形成，可以准确保证母线的直线度。当采用图 3-10(b)所示沿横向来回切削的加工路线时，符合这类零件数据给出情况，便于加工后的检验，叶形准确度高，但程序较多。

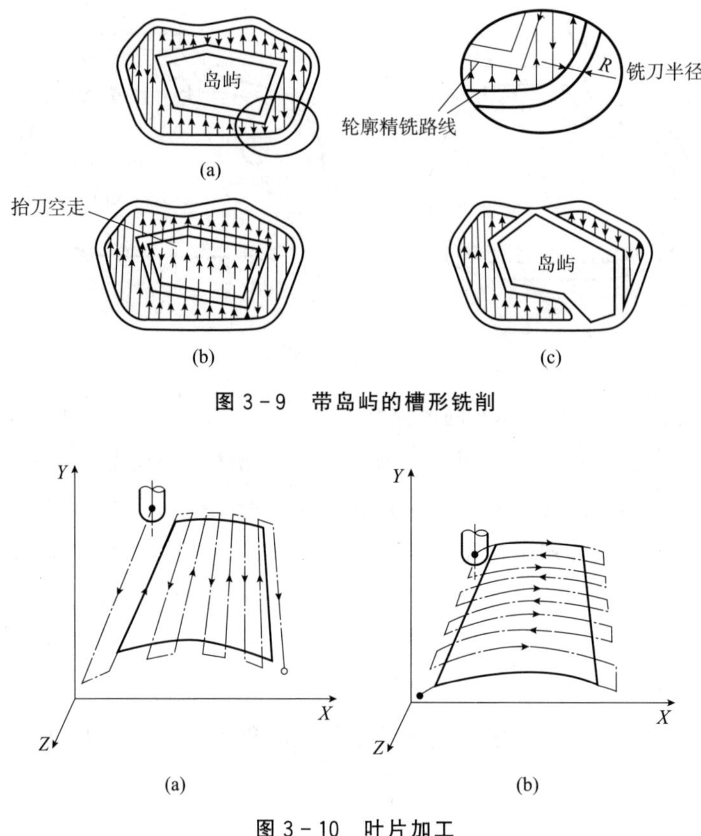

图 3-9　带岛屿的槽形铣削

图 3-10　叶片加工

3.4　数控加工夹具的选择与设计

为保证加工精度，在数控机床上加工零件时，必须使工件在机床上占据一个正确的位置，即定位，然后将其夹紧。这种定位与夹紧的过程称为工件的装夹，用于装夹工件的工艺装备就是机床夹具。

3.4.1　夹具设计理论

夹具的设计是一项复杂烦琐而又具有重大影响的工作，夹具设计的合理与否甚至可以决定夹具是否具有使用价值。只有充分地理解夹具设计的基本原理和基本准则，掌握夹具设计的基本方法，发挥好创新精神，才能设计出先进、合理、实用的机床夹具。

(1)夹具设计基本原则

夹具的设计应满足夹具的基本功能，并且还要考虑便于工件在机床上的固定；另外，由于受被加工工件的外形轮廓尺寸和各类元件与装置的布置情况及加工性质等影响，夹具的形状和尺寸还应满足相应机床的结构要求。

(2)保证工件的位置精度

夹具的主要作用是保证工件被加工表面的位置精度。因此在设计夹具时要做到定位、夹紧装置合理，保证工件被加工面的位置精度。夹具除了要保证被加工工件的位置精度外，还要保证夹具自身在机床上的位置精度不超过规定的范围。除上述要求外，夹具还应该有足够的刚度、强度和耐磨性。在加工过程中，夹具要承受切削力、夹紧力、惯性力，还要承受一些冲击力和振动，必须有足够的强度和刚度才能保证在加工过程中夹具不变形，保证工件的位置精度。另外，夹具一般使用周期较长，必须有一定的耐磨性，保证寿命。

(3)具有较高的生产效率和安全性

夹具使用过程中的效率和安全性是衡量夹具好坏的一个重要指标，因此设计夹具结构时应做到：

①装卸和夹紧工件效率高

对于手动机构，若要提高装卸和夹紧工件效率，则需机构轻巧简便、劳动强度低，在保证强度和刚度的条件下，应尽可能减小体积、降低重量。在不影响工件刚度和强度的部位，应开窗口、凹槽等，以减轻重量，从而降低劳动强度，提高操作简便性，提高工作效率。对于自动化程度较高的夹具，则应充分利用工件在机床的其他工序时间同步完成装卸和夹紧，减少等待时间，提高效率。

②充分保证安全性

对于工件在机床上加工时间较长的单件小批量生产，往往采用组合夹具，此类夹具常常采用手动夹紧机构。这就需要夹具重量轻、容易加工、方便操作，同时要确保操作人员的操作安全。对于批量化生产，由于工件在机床上更换频繁，广泛采用多件夹紧、快速夹紧、联动夹紧、液压夹紧等高效率及自动化夹具，这就要求在自动化条件下，一定要避免在加工过程中夹具与机床部件发生碰撞，保证机床部件和夹具的安全性。

(4)具有良好的工艺性

无论是切削加工产生的切屑，还是研磨加工产生的屑末，都会有一部分落在夹具上，若积聚过多必将影响夹具的可靠性，因此夹具要便于清除切屑或屑末或是能够自动排屑，保证被加工工件的加工精度和加工精度的稳定性。

(5)夹具对工件的定位

在精度范围内将工件定位是夹具设计的最主要任务，利用定位原理并且估算出定位误差是夹具设计的基础。

工件在加工过程中必须安放在机床工作台的固定位置上，以此保证工件的各个加工表面之间或相对其他加工表面的位置精度。对于单个零件而言，夹具定位工件就是使工件准确地占据定位元件的规定位置，这种定位被称为支承定位。对于批量化生产而言，夹具定位工件是将一批工件逐次放入夹具，使它们都占有一致的位置。一批工件在夹具中位置的一致性是由工件上的定位基准与夹具的定位元件接触或配合得到的，这种定位称为对中定位或是定心定位。

3.4.2 机床夹具的分类

机床夹具的种类很多，按使用机床类型分类，可分为车床夹具、铣床夹具、钻床夹具、磨床夹具、加工中心夹具和其他机床夹具等；按驱动夹具工作的动力源分类，可分为手动夹具、气动夹具、液压夹具、电动夹具、磁力夹具、真空夹具和自夹紧夹具等；按专门化程度可分为以下几种类型的夹具：

(1)通用夹具，是指已经标准化无须调整或稍加调整就可以用来装夹不同工件的夹具，如三爪自定心卡盘、四爪单动卡盘、平口虎钳和万能分度头等，这类夹具主要用于单件小批量生产。

(2)专用夹具，是指专为某一工件的某一加工工序而设计制造的夹具，结构紧凑、操作方便，主要用于固定产品的大批量生产。

(3)组合夹具，是指按一定的工艺要求，由一套预先制造好的通用标准元件和部件组装而成的夹具。使用完毕后，可方便地拆散成元件或部件，待需要时重新组合成其他加工过程的夹具。适用于数控加工、新产品的试制和中、小批量的生产。

(4)可调夹具，包括通用可调夹具和成组夹具，都是通过调整或更换少量元件就能加工一定范围内的工件，兼有通用夹具和专用夹具的优点。通用可调夹具适用范围较宽，加工对象并不十分明确；成组夹具是根据成组工艺要求，针对一组形状公差尺寸相似、加工工艺相近的工件加工而设计的，其加工对象和范围很明确，又称为专用可调夹具。数控机床夹具常用通用可调夹具、组合夹具。

3.4.3 多工位数控加工专用夹具

多工位数控加工专用夹具主要由定位装置和气动夹紧装置两部分组成。

(1)定位装置

定位装置主要由底板和三个定位块组成，其中的两个定位块安装在垂直向排布的同一平面上，从而限制了零件的部分自由度。为了减少设计步骤、简化加工工艺、缩短加工时间及节约加工成本，设计的三个定位块在尺寸和外形上保持一致性，采用一次性线切割完成。为了及时清理切屑，保证连续定位精度，设计过程中充分考虑排屑空间。

(2)气动夹紧装置

气动夹紧装置主要由气缸组件、中间连接块和楔形块组成。气缸组件的气缸杆铰接中间连接杆，中间连接杆上设有斜导向面，斜导向面正对着楔形块的楔形面，且落在楔形块的来回伸缩轨迹上。为了满足不同尺寸规格的方形铝块加工需求，在中间连接块上设计了可调压紧装置，该装置主要由螺杆和螺母组成，螺母固定在中间连接块上，螺杆的一侧端面旋入螺母后贯穿中间连接杆。

(3)夹具工作原理

气缸组件的气缸杆通过带动整个中间连接件向工件夹紧方向移动，在楔形块和可调压

紧装置的共同作用下，将方形铝块固定在工作台上，使整个工件夹紧定位，实现气缸杆单方向运动控制两个垂直方向的夹紧力。

3.4.4 数控机床夹具的选择

数控加工的特点对夹具提出了两个基本要求：一是保证夹具的坐标方向与机床的坐标方向相对固定；二是要能协调零件与机床坐标系的尺寸。除此之外，还应重点考虑以下几点：

(1)单件小批量生产时，优先选用组合夹具、可调夹具和其他通用夹具，以缩短生产准备时间和节省生产费用；

(2)在成批生产时才考虑采用专用夹具，并力求结构简单；

(3)零件的装卸要快速、方便、可靠，以缩短机床的停顿时间；

(4)夹具上各零部件应不妨碍机床对零件各表面的加工，即夹具要敞开其定位、夹紧机构元件不能影响加工中的走刀(如产生碰撞等)；

(5)为提高数控加工的效率，批量较大的零件加工可以采用多工位气动或液压夹具。

3.5 数控加工工艺制定实例

3.5.1 轴类零件数控车削工艺分析

典型轴类零件如图 3-11 所示，零件材料为 45 钢，无热处理和硬度要求，试对该零件进行数控车削工艺分析。

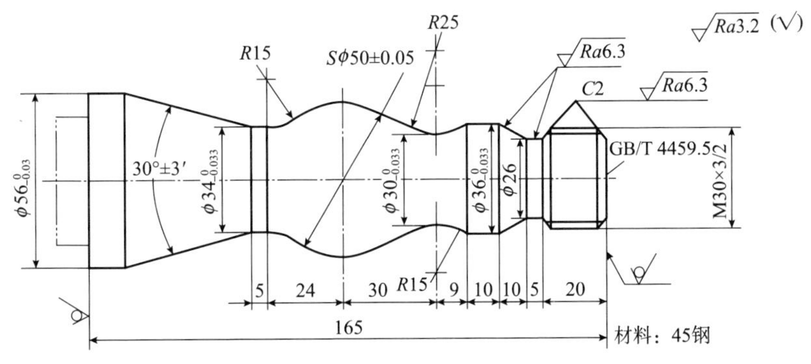

图 3-11 典型轴类零件

(1)零件图工艺分析

该零件表面由圆柱面、圆锥面、顺圆弧面、逆圆弧面及螺纹面等组成。其中多个直径尺寸有较严的尺寸精度和表面粗糙度要求等，球面 Sϕ50mm 的尺寸公差还兼有控制该球面形状(线轮廓)误差的作用。尺寸标注完整，轮廓描述清楚。零件材料为 45 钢，无热处理和硬度要求。

通过上述分析，可采取以下几点工艺措施：

①对图样上给定的几个精度要求较高的尺寸，因其公差数值较小，故编程时不必取平均值，而全部取其基本尺寸即可；

②在轮廓曲线上，有三处为圆弧，其中两处为既过象限又改变进给方向的轮廓曲线，因此在加工时应进行机械间隙补偿，以保证轮廓曲线的准确性；

③为便于装夹，零件左端应预先车出夹持部分(双点画线部分)，右端面也应先粗车出并钻好中心孔，毛坯选 ϕ60mm 棒料。

(2)选择设备

根据被加工零件的外形和材料等条件，选用 TND360 数控车床。

(3)确定零件的定位基准和装夹方式

①定位基准，确定坯料轴线和左端大端面(设计基准)为定位基准；

②装夹方法，左端采用三爪自定心卡盘定心夹紧，右端采用活动顶尖支承的装夹方式。

(4)确定加工顺序及进给路线

加工顺序按由粗到精、由近到远(由右到左)的原则确定，即先从右到左进行粗车(留0.25mm 精车余量)，然后从右到左进行精车，最后车削螺纹。

TND360 数控车床具有粗车循环和车螺纹循环功能，只要正确使用编程指令，机床数控系统就会自动确定其进给路线。因此，该零件的粗车循环和车螺纹循环不需要人为确定其进给路线(但精车的进给路线需要人为确定)。该零件从右到左沿零件表面轮廓精车进给，如图 3-12 所示。

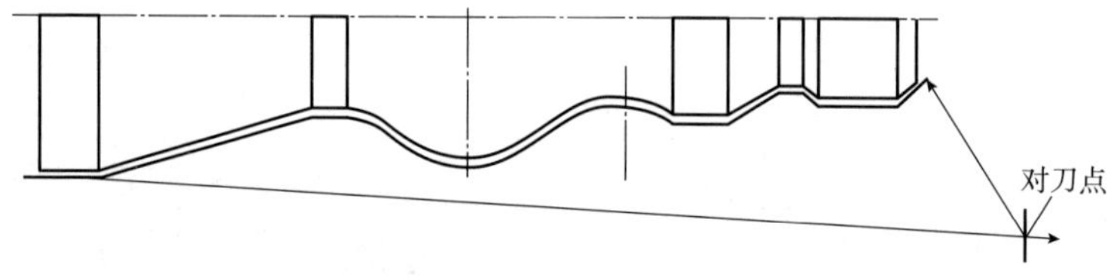

图 3-12　精车轮廓进给路线

(5)刀具选择

①选用 ϕ5mm 中心钻钻削中心孔；

②粗车及平端面选用 90°硬质合金右偏刀，为防止副后刀面与工件轮廓干涉(可用作图法检验)，副偏角不宜太小，选 $k_r'=35°$；

③精车选用 90°硬质合金右偏刀，车螺纹选用硬质合金 60°外螺纹车刀，刀尖圆弧半径应小于轮廓最小圆角半径，取 $r_\epsilon=0.15\sim0.2$mm。

将所选定的刀具参数填入数控加工刀具卡片中(见表 3-3)，以便编程和操作管理。

表 3-3 数控加工刀具卡片

产品名称			零件名称	典型轴	零件图号	
序号	刀具号	刀具规格名称	数量	加工表面		备注
1	T01	ϕ5mm 中心钻	1	钻 ϕ5mm 中心孔		—
2	T02	硬质合金 90°外圆车刀	1	车端面及粗车轮廓		右偏刀
3	T03	硬质合金 90°外圆车刀	1	精车轮廓		右偏刀
4	T04	硬质合金 60°外螺纹车刀	1	车螺纹		—
编制		审核		批准	共 页	第 页

(6)切削用量选择

①背吃刀量的选择：轮廓粗车循环时选 $a_p=3$mm，精车时选 $a_p=0.25$mm，螺纹粗车时选 $a_p=0.4$mm，逐刀减少，精车时选 $a_p=0.1$mm；

②主轴转速的选择：车直线和圆弧时，选粗车切削速度 $v_c=90$m/min，精车切削速度 $v_c=120$m/min，然后利用公式 $v_c=\pi dn/1000$ 计算主轴转速 n(粗车直径 $d=60$mm，精车工件直径取平均值)，粗车主轴转速为 500r/min，精车主轴转速为 1200r/min。车螺纹时，计算主轴转速 $n=320$r/min；

③进给速度的选择：先选择粗车、精车每转进给量，再根据加工的实际情况确定粗车每转进给量为 0.4mm/r，精车每转进给量为 0.15mm/r，最后根据公式 $v_f=n_f$ 计算粗车、精车进给速度分别为 200mm/min 和 180mm/min。

综合前面分析的各项内容，并将其填入表 3-4 所示的典型轴类零件数控加工工艺卡片。此表是编制加工程序的主要依据和操作人员配合数控程序进行数控加工的指导性文件。主要内容包括工步顺序、工步内容、各工步所用的刀具及切削用量等。

表 3-4 典型轴类零件数控加工工艺卡片

单位名称		产品名称或代号		零件名称		零件图号	
				典型轴			
工序号	程序编号	夹具名称		使用设备		车间	
001		三爪卡盘和活动顶尖		TND360 数控车床		数控中心	
工步号	工步内容	刀具号	刀具规格	主轴转速/(r/min)	进给速度/(mm/min)	背吃刀量/mm	备注
1	平端面	T02	25mm×25mm	500	—	—	手动
2	钻 ϕ5 中心孔	T01	ϕ5mm	950	—	—	手动
3	粗车轮廓	T02	25mm×25mm	500	200	3	自动
4	精车轮廓	T03	25mm×25mm	1200	180	0.25	自动
5	粗车螺纹	T04	25mm×25mm	320	960	0.4	自动
6	精车螺纹	T05	25mm×25mm	320	960	0.1	自动
编制		审核		批准		共 页	第 页

3.5.2 套类零件数控车削工艺分析

(1)在一般数控车床上加工的套类零件

图 3－13 所示为典型轴套类零件，该零件材料为 45 钢，无热处理和硬度要求，以下是对该零件进行的数控车削工艺分析。

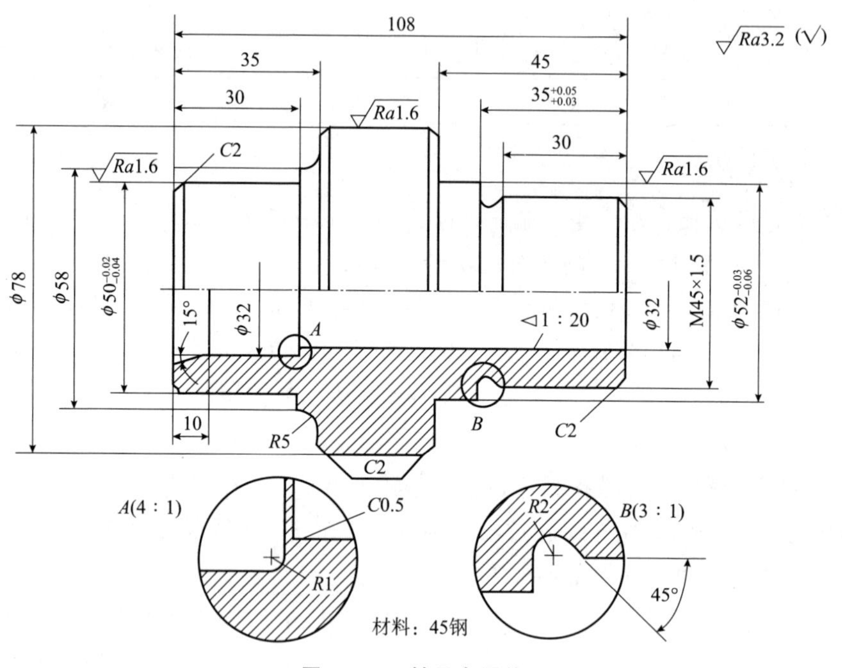

图 3－13 轴承套零件

①零件图工艺分析

该零件表面由内外圆柱面、内圆锥面、顺圆弧面、逆圆弧面及外螺纹面等组成，其中多处有较高的尺寸精度和表面粗糙度要求。零件图尺寸标注完整，符合数控加工尺寸标注要求，轮廓描述清楚完整，零件材料为 45 钢，加工切削性能较好，无热处理和硬度要求。

通过上述分析，采取以下几点工艺措施：

a. 对图样上带公差的尺寸，因公差值较小，故编程时不必取平均值，而取基本尺寸即可；

b. 左右端面均为多个尺寸的设计基准，相应工序加工前，应该先将左右端面车出来；

c. 内孔尺寸较小，在 1∶20 孔与 φ32mm 孔及 15°锥面处需掉头装夹。

②选择机床

根据被加工零件的外形和材料等条件，选用 CJK6240 数控车床。

③确定零件的定位基准和装夹方式

a. 内孔加工

定位基准：内孔加工时以外圆定位；

装夹方式：用三爪自动定心卡盘夹紧。

b. 外轮廓加工

定位基准：确定零件轴线为定位基准；

装夹方式：加工外轮廓时，为保证一次安装加工出全部外轮廓，需要设一圆锥心轴装置(见图 3－14 双点画线部分)，用三爪卡盘夹持心轴左端，心轴右端留有中心孔，并用尾座顶尖顶紧，以提高工艺系统的刚性。

④确定加工顺序及进给路线

加工顺序按由内到外、由粗到精、由近到远的原则确定，在一次装夹中尽可能加工出较多的工件表面。结合本零件的结构特征，可先加工内孔各表面，然后加工外轮廓表面。由于该零件为单件小批量生产，走刀路线设计不必考虑最短进给路线或最短空行程路线，外轮廓表面车削走刀路线可沿零件轮廓顺序进行(见图 3－15)。

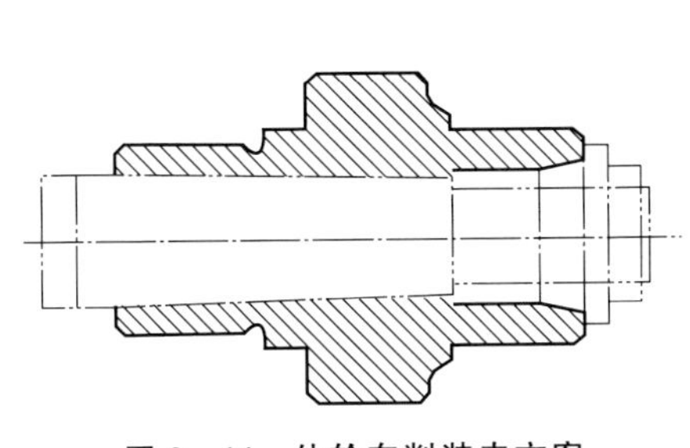

图 3－14 外轮车削装夹方案

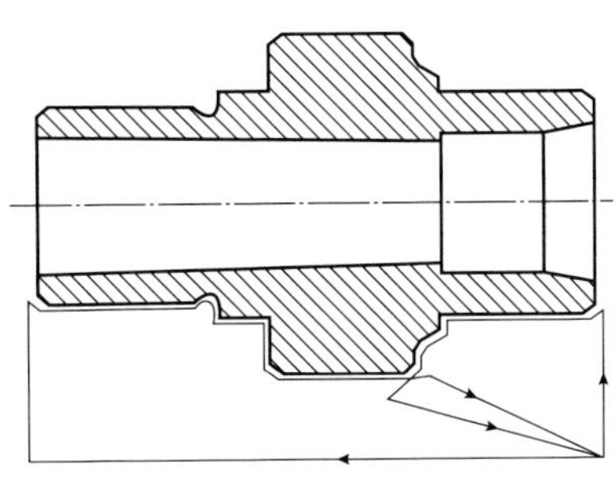

图 3－15 外轮廓加工走刀路线

⑤刀具选择

将所选定的刀具参数填入表 3－5 轴承套数控加工刀具卡片中，以便于编程和操作管理。注意：车削外轮廓时，为防止副后刀面与工件表面发生干涉，应选择较大的副偏角，必要时可作图检验。本例中选 $k_r'=55°$。

表 3－5 轴承套数控加工刀具卡片

产品名称			零件名称	轴承套	零件图号	
序号	刀具号	刀具规格名称	数量	加工表面		备注
1	T01	45°硬质合金端面车刀	1	车端面		—
2	T02	ϕ5mm 中心钻	1	钻 ϕ5mm 中心孔		—
3	T03	ϕ26mm 钻头	1	钻底孔		—
4	T04	刀	1	镗内孔各表面		—
5	T05	93°右偏刀	1	从右至左车外表面		—
6	T06	93°左偏刀	1	从左至右车外表面		—
7	T07	60°外螺纹车刀	1	车 M45 螺纹		—
编制		审核		批准	共 页	第 页

⑥切削用量选择

根据被加工表面质量要求、刀具材料和工件材料，参考切削用量手册或有关资料选取切削速度与每转进给量，然后利用公式 $v=\pi dn/1000$ 和 n 计算主轴转速与进给速度，计算结果填入表 3-6 工艺卡片中。

背吃刀量的选择因粗、精加工而有所不同。粗加工时，在工艺系统刚度和机床功率允许的情况下，尽可能取较大的背吃刀量，以减少进给次数；精加工时，为保证零件表面粗糙度要求，背吃刀量一般取 0.1～0.4mm 较为合适。

⑦数控加工工艺卡片拟定

将前面分析的各项内容综合成表 3-6 所示的轴承套数控加工工艺卡片。

表 3-6　轴承套数控加工工艺卡片

单位名称		产品名称或代号		零件名称		零件图号	
				轴承套			
工序号	程序编号	夹具名称		使用设备		车间	
001		三爪卡盘和自制心轴		CJK6240 数控车床		数控中心	
工步号	工步内容	刀具号	刀具、刀柄规格	主轴转速/(r/min)	进给速度/(mm/min)	背吃刀量/mm	备注
1	平端面	T01	25mm×25mm	320	—	1	手动
2	钻 ϕ5mm 中心孔	T02	ϕ5mm	950	—	2.5	手动
3	钻 ϕ32mm 孔的底孔 ϕ26	T03	ϕ26mm	200	—	13	手动
4	粗镗 ϕ32mm 内孔、15°斜面及 0.5×45°倒角	T04	20mm×20mm	320	40	0.8	自动
5	精镗 ϕ32mm 内孔，15°斜面及 0.5×45°倒角	T04	20mm×20mm	400	25	0.2	自动
6	掉头装夹粗镗 1∶20 锥孔	T04	20mm×20mm	320	40	0.8	自动
7	精镗 1∶20 锥孔	T04	20mm×20mm	100	20	0.2	自动
8	心轴装夹从右至左粗车外轮廓	T05	25mm×25mm	320	40	1	自动
9	从左至右粗车外轮廓	T06	25mm×25mm	320	40	1	自动
10	从右至左精车外轮廓	T05	25mm×25mm	400	20	0.1	自动
11	从左至右精车外轮廓	T06	25mm×25mm	400	20	0.1	自动
12	心轴，改为三爪卡盘装夹，粗车 M45 螺纹	T07	25mm×25mm	320	1.5×转速	0.4	自动
13	精车 M15 螺纹	T07	25mm×25mm	320	1.5×转速	0.1	自动
编制		审核		批准	年　月　日	共　页	第　页

3.5.3　平面凸轮的数控铣削工艺分析

如图 3-16 所示为槽形凸轮零件。在铣削加工前，该零件是一个经过加工的圆盘，圆盘直径为 ϕ280mm，带有尺寸为 ϕ35mm 及 ϕ12mm 的两个基准孔，ϕ35mm 及 ϕ12mm 两个定位孔。*X* 面已在前面加工完毕，本工序是在机床上加工槽。该零件的材料为 HT200。试分析其数控铣削加工工艺。

(1)零件图工艺分析该零件凸轮轮廓由 *HA*、*BC*、*DE*、*FG* 和直线 *AB*、*HG* 以及过渡圆弧 *CD*、*EF* 所组成，组成轮廓的各几何元素关系清楚，条件充分，所需要基点坐标容易求得。凸轮内、外轮廓面对 *X* 面有垂直度要求。材料为铸铁，切削工艺性较好。

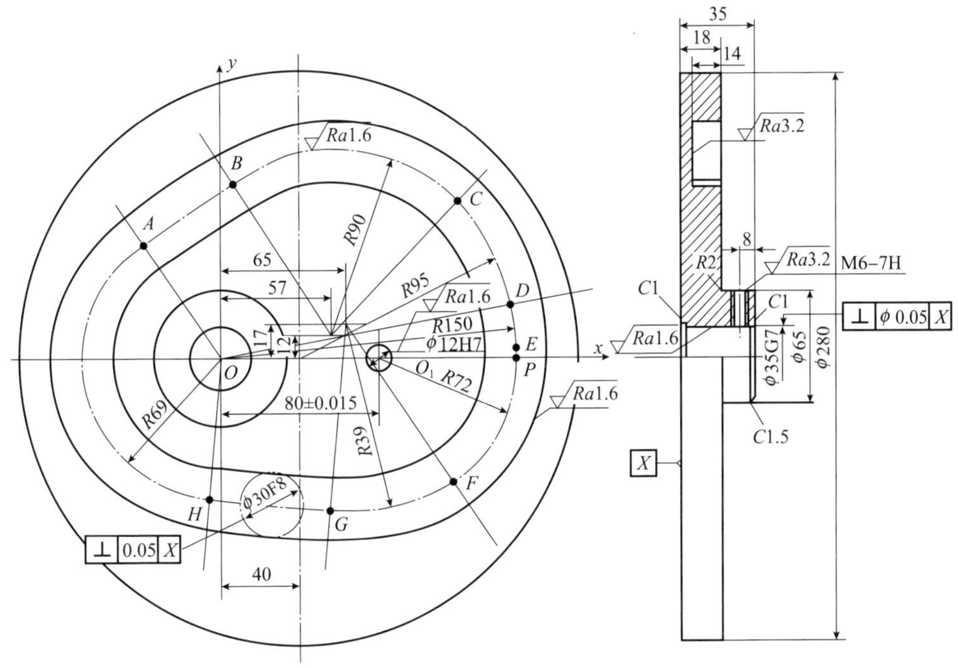

图 3-16　槽形凸轮零件

根据分析，凸轮内、外轮廓面对 *X* 面有垂直度要求，只要提高装夹精度，使面与铣刀轴线垂直即可。

(2)选择设备

加工平面凸轮的数控铣削，一般采用两轴以上联动的数控机床，因此首先要考虑的是零件的外形尺寸和质量，使其在机床的允许范围以内；其次考虑数控机床的精度是否能满足凸轮的设计要求；最后，看凸轮的最大圆弧半径是否在数控系统允许的范围之内。根据以上三条即可确定所要使用的数控机床为两轴以上联动的数控机床。

(3)确定零件的定位基准和装夹方式

采用“一面两孔”定位，即用圆盘面和两个基准孔作为定位基准。根据工件特点，用一块 320mm×320mm×40mm 的块，在块上分别精钻 ϕ35mm 及 ϕ12mm 两个定位孔(要配定位销)，孔距为 80±0.015mm，板平面度为 0.05mm，该零件在加工前，先固定夹具的平面，使两定位销孔的中心连线与机床 X 轴平行，夹具平面要保证与工作台面平行，并用百分表检查，如图 3－17 所示。

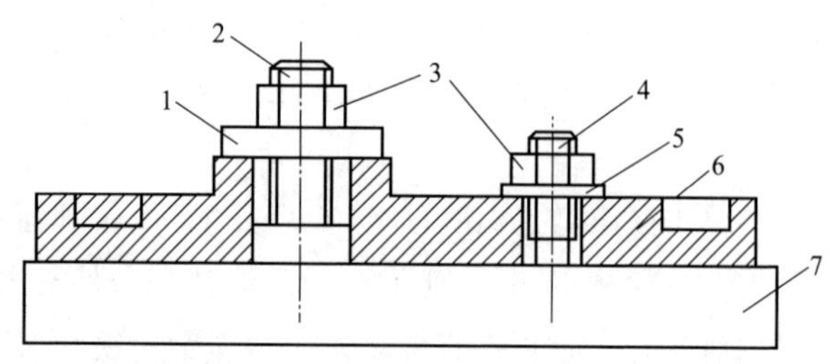

图 3－17　凸轮加工装夹示意图

1—开口垫圈，2—带螺纹圆柱销，3—压紧螺母，4—削边销，5—垫圈，6—工件，7—垫块

(4)确定加工顺序及走刀路线

整个零件的加工顺序按照基面先行、先粗后精的原则确定。因此应先加工用作定位基准的 ϕ35mm 及 ϕ12mm 两个定位孔 X 面，然后再加工凸轮槽内外轮廓表面。由于该零件的 ϕ35mm 及 ϕ12mm 两个定位孔 X 面已在前面工序加工完毕，在这里只分析加工槽的走刀路线。走刀路线包括平面内进给走刀和深度进给走刀两部分路线。平面内的进给走刀，对外轮廓是从切线方向切入，对内轮廓是从过渡圆弧切入。在数控铣床上加工时，对铣削平面槽形凸轮，深度进给有两种方法：一种是在 XZ(或 YZ)平面内来回铣削逐渐进刀到既定深度；另一种是先打一个工艺孔，然后从工艺孔进刀到既定深度。

进刀点选在点 P(150，0)，刀具来回铣削，逐渐达到铣削深度，当达到既定深度后，刀具在 XY 平面内运动，铣削凸轮轮廓。为了保证凸轮的轮廓表面有较高的表面质量，采用顺铣方式，即从点 P 开始，对外轮廓按顺时针方向铣削，对内轮廓按逆时针方向铣削。

(5)刀具的选择

根据零件结构特点，铣削凸轮槽内、外轮廓(即凸轮槽两侧面)时，铣刀直径受槽宽限制，同时考虑铸铁属于一般材料，加工性能较好，用 ϕ18mm 硬质合金立刀，见表 3－7。

表 3－7　数控加工刀具卡片

产品名称或代号				零件名称	槽形凸轮	零件图号	
序号	刀具号	刀具规格名称/mm		数量	加工表面		备注
1	T01	ϕ18 硬质合金立铣刀		1	粗铣凸轮槽内、外轮廓		
2	T02	ϕ18 硬质合金立铣刀		1	精铣凸轮槽内、外轮廓		
编制		审核		批准		共　页	第　页

(6)切削用量的选择

凸轮槽内、外轮廓精加工时，留 0.2mm 切削用量，确定主轴转速与进给速度时，先查切削用量手册，确定切削速度与每齿进给量，然后利用公式 $v_c=\pi dn/1000$ 计算主轴转

速 n，利用 $v_1 = nzf_z$ 计算进给速度。

(7)填写数控加工工序卡片，如表 3－8 所示。

表 3－8　槽形凸轮的数控加工工艺卡片

单位名称		产品名称或代号		零件名称		零件图号	
				槽形凸轮			
工序号	程序编号	夹具名称		使用设备		车间	
		螺旋压板		XK5025		数控中心	
工步号	工步内容	刀具号	刀具规格/mm	主轴转速/(r/min)	进给速度/(mm/min)	背吃刀量/mm	备注
1	来回铣削，逐渐达到铣削深度	T01	$\phi18$	800	60		分两层铣削
2	粗铣凸轮槽内轮廓	T01	$\phi18$	700	60		
3	粗铣凸轮槽外轮廓	T01	$\phi18$	700	60		
4	精铣凸轮槽内轮廓	T02	$\phi18$	1000	100		
5	精铣凸轮槽外轮廓	T02	$\phi18$	1000	100		
编制	审核	批准		年　月　日		共　页	第　页

思考与练习

3－1　试述数控编程的主要内容和步骤。

3－2　何为数控编程？数控编程方法有哪些？

3－3　数控机床坐标轴的 X 轴、Y 轴、Z 轴如何确定？

3－4　数控加工工艺的基本特点是什么？

3－5　工序划分有哪几种方式？

3－6　目前模块化刀具已经成为数控刀具的发展趋势，为什么？

3－7　试述夹具设计的基本原则和夹具的主要作用。

3－8　机床夹具如何分类？

3－9　粗加工与精加工的主要任务是什么？它们有什么不同？

3－10　数控加工工艺分析的步骤与方法有哪些？

3－11　数控机床夹具设计与普通机床有何区别？

第 4 章

数控车床编程方法与实例

4.1 数控车削概述

4.1.1 数控车削加工特点

数控车床是目前使用较为广泛的数控机床之一。它主要用于轴类零件或盘类零件的内外圆柱面、任意锥角的内外圆锥面、复杂回转内外曲面和圆柱、圆锥螺纹等切削加工，并能进行切槽、钻孔、扩孔、铰孔及镗孔等。

数控车削加工工艺是指从工件毛坯(或半成品)的装夹开始，直到工件正常车削加工完毕、机床复位的整个工艺执行过程。普通车削加工的工艺规程是工人在加工时的指导性文件，而数控车削加工程序是数控车床加工中的指令性文件。数控车床受控于程序指令，加工的全过程都是按程序指令自动执行的。因此，数控车床加工程序与普通车床加工工艺规程有较大的差别，涉及的内容比较广。数控车床加工程序不仅要包括零件的工艺过程，而且还要包括切削用量、走刀路线、刀具以及车床的运动过程等。要求编程人员必须对数控车床的性能、特点、运动方式、刀具系统、切削用量以及工件的装夹方法等都要非常熟悉。数控车削加工工艺主要包括以下内容：

(1)选择适合在数控车床上加工的零件，确定工序内容。

(2)分析待加工零件的图样，明确加工内容及技术要求。

(3)确定零件的加工方案，制订数控加工工艺路线。如划分工序，安排加工顺序，处理与非数控加工工序的衔接等。

(4)加工工序的设计，例如零件定位基准的选取、装夹方案的确定、工步划分、刀具选择以及切削用量的确定等，在数控加工中，工件安装多采用通用装夹装置，刀具广泛采用机夹可转位刀具，刀片普遍应用涂层技术。

(5)数控加工程序的调整，例如选取对刀点和换刀点，确定刀具偏置(补偿)以及加工路线等。

4.1.2 数控车床的编程特点

从事数控加工编程的人们都知道，不同品牌数控系统其编程指令有差异，同一品牌数控系统不同机床类型其编程指令也是存在差异的，本章以FANUC 0i Mate－TC数控系统数控车床为对象，介绍数控车床的编程特点。

(1)直径编程与半径编程

数控车床加工的零件一般为回转体，在图样上其径向外形尺寸一般用直径表示。而在加工时，径向尺寸常常用到的切削深度(即径向位移坐标)是用半径表示。所以数控车床的数控系统在表示径向尺寸字(*X*地址符)时被设计成两种指定方法，即直径指定与半径指定，如图4－1所示。

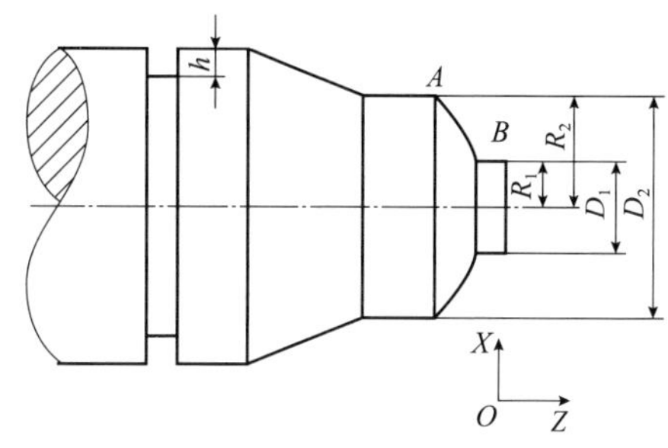

图4－1 直径指定与半径指定

当用直径指定时，叫作直径编程；当用半径指定时，叫作半径编程。具体的数控系统可由参数设定。目前实际的数控车削系统一般均设置为直径编程。在切槽加工时，要注意图样上深度的表示与尺寸之中数值的关系。

使用直径编程时的注意事项：

①*X*轴用直径值指定，*Z*轴与直径指定和半径指定无关；

②*X*轴增量指令U用直径值指定，在图4－1中，对刀具轨迹*B*到*A*用D_2减D_1指定，而切削图中的径向槽是用$2h$指定；

③坐标系设定(G50)用直径值指定坐标值；

④刀偏值分量由参数设定是直径值还是半径值指定，一般设置为直径值指定；

⑤固定循环参数，如沿*X*轴切深(*R*)用半径值指定；

⑥圆弧插补中的半径(*R*，*I*，*K*等)用半径值指定；

⑦沿*X*轴进给速度，指定“半径的变化/转”或“半径的变化/分”；

⑧轴位置显示按直径值显示，若有数台数控车床，最好设置成一致，如直径编程，以便程序可以通用。

(2)绝对/增量坐标编程与混合编程

数控车床刀具移动量的指定方法有绝对坐标编程与增量坐标编程两种。在绝对坐标编程时，用刀具运动的终点位置的绝对坐标值编程；在增量坐标编程时，用刀具各轴移动的距离编程。当用G代码系统编程时，绝对坐标和增量坐标编程的指令地址字分别为X _ Z _ 和U _ W _ 。数控车床编程可以用绝对坐标编程或增量坐标编程，也可以混合编程。如图4－2所示零件*AB*段的程序，三种坐标指定编程的指令为绝对值指令编程：G01 X400.0 Z50.0 F200；增量值指令编程：G01 U200.0 W－400.0 F200；混合坐标值指令编程：G01 X400.0 W－400.0 F200，或G01 U200.0 Z50.0 F200。

(3)前置/后置刀架编程及其分析

从图 4－3 中的分析可见，前置刀架与后置刀架编程时若遵循圆弧方向判断的原则，则其实质是一样的，即程序编制与是后置刀架还是前置刀架无关。

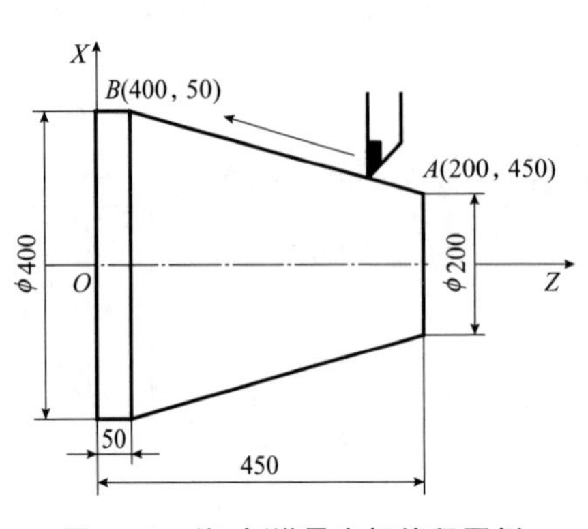

图 4－2　绝对/增量坐标编程图例

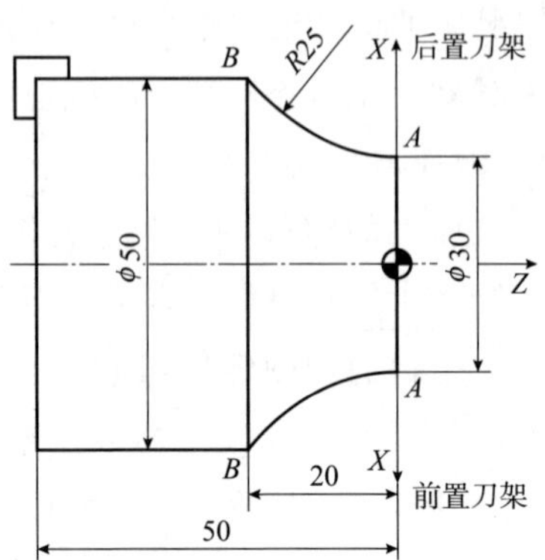

图 4－3　圆弧加工示意图

(4)数控车削的进给速度

切削进给主要用于切削加工时刀具的运动，进给功能由 F 指令设定，具体的进给速度值的选择取决于金属切削原理方面的相关知识，由于是切削金属，所以其运动速度一般均远小于快速移动的速度。表述车削加工的进给量有两种方式，一种是进给速度 v_f，即每分钟进给量(简称分进给)，单位为 mm/min；另一种是进给量 f，即每转进给量(简称转进给)，单位为 mm/r。数控车床加工用得较多的是转进给，一般也是数控车床的默认进给指令。

FANUC 0i Mate－TC 系统对分进给/转进给有对应的控制指令 G98/G99，这两个指令是同组的模态指令，可以相互注销。

4.1.3　数控车床的刀具指令及刀具位置偏置

刀具指令又称 T 指令，FANUC 0i Mate－TC 系统的刀具功能指令一般用地址 T 后面指定 4 位数字的格式指定，即 T(2＋2)格式指令，如图 4－4 所示，其格式如下：

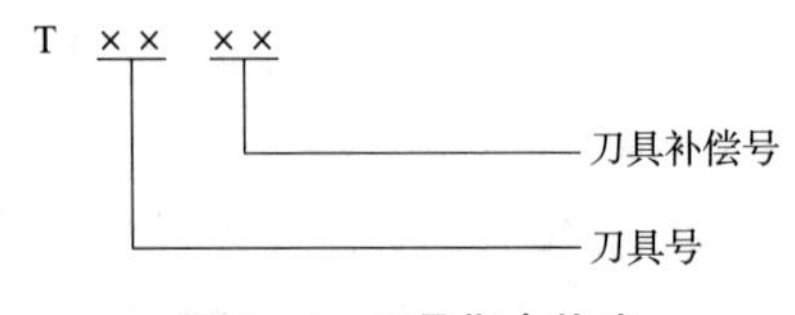

图 4－4　刀具指令格式

刀具指令后的四位数字中，前两位是刀具号，后两位是刀具补偿号。同一把刀具可以调用不同的补偿号。一般来说，刀具补偿存储器的数量远大于刀具数，如 FANUC 0i Mate－TC 系统的刀具补偿号存储器共有 64 个。当刀具号为 00 时，则不选择刀具。当刀具补偿号为 00 时，其补偿值为 0，即相当于取消刀具偏置(补偿)。FANUC 0i Mate－TC 系统将刀具偏置分为两部分管理，即“外形”与“磨损”(有的又称为“几何”与“磨耗”)，如图 4－5 所示。外形偏置是基本的设置，磨损偏置是对基本偏置进行微量调整的设置，刀具的实际偏置值是外形偏置与磨损偏置两部分的代数和。

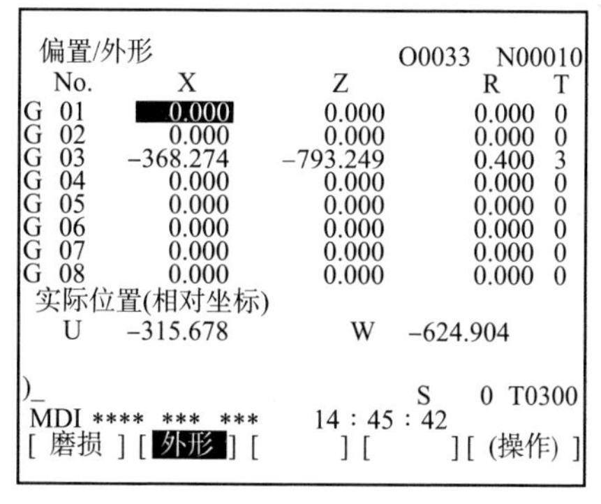

(a)外形偏置

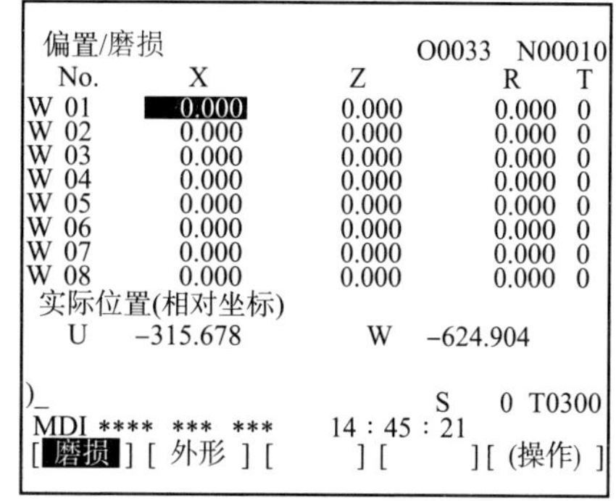

(b)磨损偏置

图 4－5　刀具偏置画面

4.2　数控车削编程原理

4.2.1　数控车削坐标系的建立

(1)机床坐标系指令(G53)

机床坐标系指令(G53)用于指定刀具在机床坐标系中的位置。

其指令格式为 G53 X _ Z _ ;

其中，X、Z 后的值(以下简称为 X、Z)为刀具在机床坐标系中的绝对坐标值。

G53 指令是非模态指令，仅在程序段中有效，其尺寸值必须是机床坐标系中的绝对坐标值，如果指令了增量坐标值，则 G53 被忽略。如果要将刀具移动到机床的特定位置选刀和换刀，可用 G53 指令编制刀具在机床坐标系中的移动程序，刀具以快速运动速度移动。如果指定了 G53 指令，就取消了刀尖圆弧半径补偿和刀具偏置。

在执行 G53 指令之前必须建立机床坐标系，否则 G53 无法知道刀具移动的具体位置。对于相对位置检测元件的数控机床，必须执行完手动返回参考点操作(即回零)或用 G28 指令自动返回参考点后才能执行 G53 指令。对于采用绝对位置检测元件的数控机床，开机启动后即会自动建立起工件坐标系，所以这一返回参考点的操作可省略。

(2)刀具偏置建立工件坐标系

利用刀具的位置偏置功能，通过刀具功能指令 T×××× 可以为每把刀具设定工件坐标系，坐标系偏置值可以在相应的刀具补偿存储器中设定。通过给每把刀具单独设定工件坐标系，换刀的同时，也就建立起了该刀具的工件坐标系。这种工件坐标系的设定方法操作简单、可靠性好，只要不改变刀具偏置值，工件坐标系就会一直存在且不会变，即使断电，重启后执行返回参考点操作，工件坐标系还在原来位置上。

刀具位置偏置设定工件坐标系，就是将欲建立的工件坐标系原点在机床坐标系中的坐标值存入相应的刀具偏置存储器中，建立起工件坐标系相对于机床坐标系的偏置矢量(G)，其存在存储器中的坐标值就相当于该偏置矢量在 X 和 Z 坐标轴的矢量分量(G_x 和

G_z)。如图 4-6(a)所示，假设准备用 1 号刀加工，刀具指令为 T0101。在程序运行前，通过试切法，用刀尖分别切削面 A 得到 Z 坐标值和切削外圆 B 得到 X 坐标值(ϕd)，基于 ϕd 测得 X 坐标轴的偏置值(实际上相当于测得了刀尖到工件中心的值)，通过 MDI 面板将工件坐标系原点的坐标值(X，Z)输入 001 号刀具补偿存储器中，如图 4-6(b)所示，即完成了 1 号刀的设置。一般情况下，工件端面还需留有适当的加工余量(例如 2mm)，这时如何设置工件坐标系呢？读者可根据以上原理自行思考。

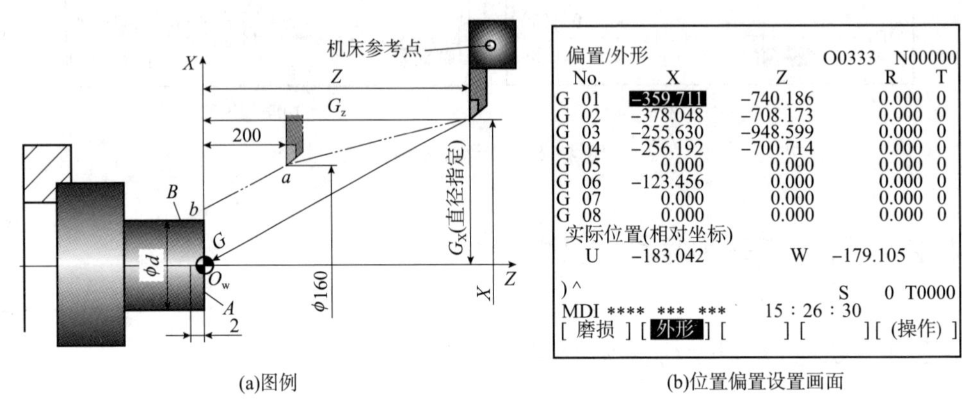

(a)图例　　(b)位置偏置设置画面

图 4-6　刀具位置偏置建立工件坐标系

在图 4-6 中，若将工件坐标系 XO_wZ 的 O_w 点相对于机床参考点的坐标值事先输入 CNC 系统的刀具位置偏置画面中，则在程序执行时，通过刀具指令调用该位置偏置值即可建立起工件坐标系。以下面的程序为例，当执行到 N10 程序段时，建立起了工件坐标系 XO_wZ，N30 程序段快速定位至 a 点。

```
N10   T0101；调用 1 号刀及 1 号刀补偿，建立工件坐标系
N20   M03 S300；主轴正转，转速为 300r/min
N30   G00 X160.0 Z200.0；快速定位至 a 点
N40   G00 X60.0 Z0；快速定位至 b 点
N50   G98 G01 X0 Z0 F100；指定分进给，车端面，进给速度为 100mm/min
N60   ……
N70   T0101；取消 1 号刀补
```

从图 4-6 也可理解位置偏置的概念，前面说过，刀具实际到达的位置等于移动指令指定的终点位置与刀具位置偏置的代数和。例如，N30 程序段刀具实际到达的位置 a 点的机床坐标系坐标为－359.711＋160 和－740.186＋200。

(3)设定工件指令 G50

所谓设定工件坐标系，就是确定起刀点相对工件坐标系原点的位置并确定工件坐标系。G50 指令的使用方法与数控铣削系统中 G92 指令类似。

G50 的指令格式为 G50 X _ Z _ ；

其中，X、Z为起刀点相对于加工原点的位置，一般是绝对坐标指定，如图4-7(a)所示。执行该指令之前必须将刀尖调整至G50指令指定的坐标位置上(如图中的A点，该点可认为是起刀点)。

执行该指令时刀具不会做任何移动，但数控系统会根据刀具当前位置($-\alpha$，$-\gamma$)及G50指令指定的坐标值X_Z_建立工件坐标系。机床操作时可以看到数控系统的位置显示画面上显示的坐标绝对值，即为G50指令中的坐标值，如图4-7(b)所示。后续有关刀具移动指令执行过程中的位置绝对坐标值就是以该坐标系为基准的。因此该指令称为工件坐标系"设定"指令。

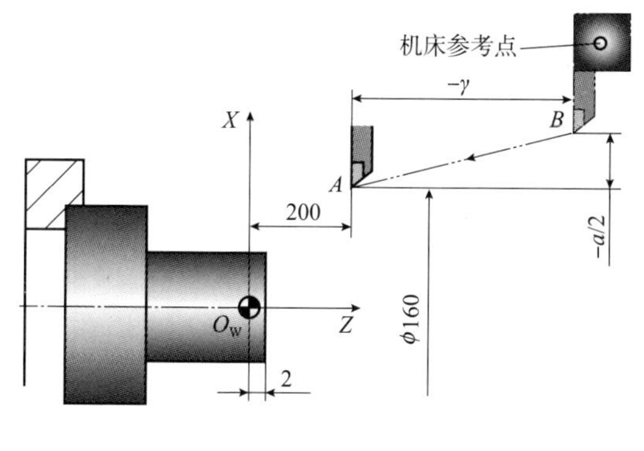

(a)工件坐标系建立原理

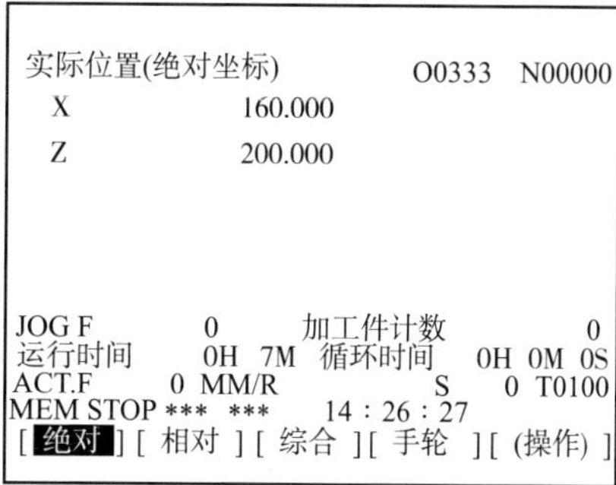

(b)工件坐标系设定后位置显示画面

图4-7 G50指令建立工件坐标系

(4)选择工件坐标系指令G54～G59

在FANUC数控系统中，可以在工件坐标系存储器中设定6个工件坐标系No.01(G54)～No.06(G59)，如图4-8所示。当外部工件零点偏移值EXOFS设置为零时，1～6号工件坐标系是以机床参考点为起点偏移的。但若设置了外部工件零点偏移值后，则6个工件坐标系同时偏移。

在执行数控程序前，可以通过LCD/MDI面板操作分别设置这6个工件坐标系相对于机床参考点的偏移距离，如图4-8(b)、(c)所示。程序执行时，用G54～G59指令分别选择相应的坐标系建立工件坐标系。所设置的坐标系在机床通电并执行返回坐标参考点操作后即生效。

4.2.2 数控车床的基本编程指令

基本编程指令是数控系统指令集中最基本的指令，其通用性较好，是数控编程的基本指令，在生产中应用广泛。

①在一个零件的加工程序段中，根据图纸上标注的尺寸，可以按绝对坐标编程、增量坐标编程或两者混合编程。当按绝对坐标编程时用代码X和Z表示；按增量坐标编程时则用代码U和W表示，一般不用G90、G91指令。

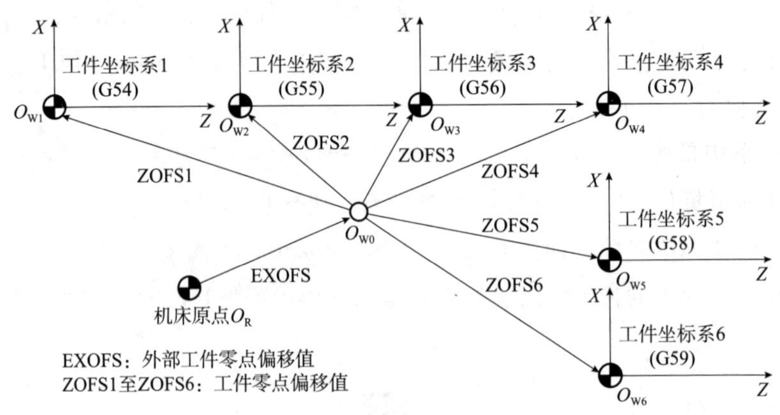

(a)工件坐标系与外部工件坐标系偏移之间关系

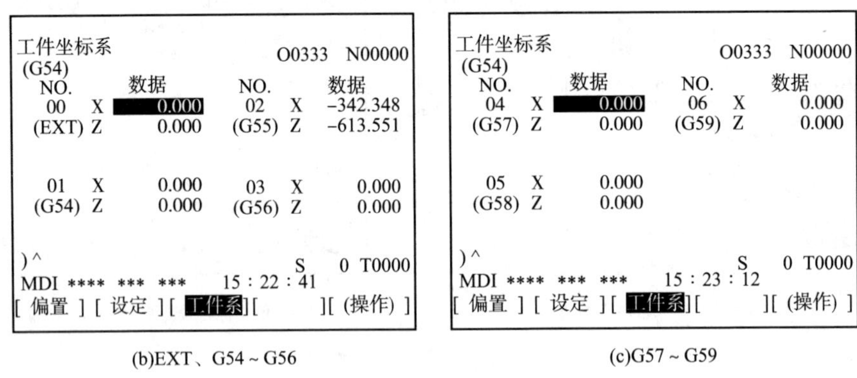

(b)EXT、G54 ~ G56　　(c)G57 ~ G59

图 4－8　工件坐标系设定画面

②车削常用的毛坯为棒料或锻件，加工余量较大。为简化编程，数控车床的控制系统具有各种固定循环功能，在编制数控车削加工程序时，可充分利用循环功能，达到多次循环切削的目的。

③X 方向可以按半径值或直径值编程。由于图纸尺寸和测量值一般以直径值表示，故 X 方向按绝对坐标编程时一般以直径值表示；按增量坐标编程时，以径向实际位移量的 2 倍值表示。

④编程时，常认为车刀刀尖是一个点，实际上，为了提高刀具寿命和工件表面质量，车刀刀尖常被磨成一个半径不大的圆弧。为此，在编制数控车程序时，需要对刀具半径进行补偿。由于大多数数控车床都具有刀具补偿功能(G41、G42)，因此可直接按工件轮廓尺寸编程。加工前将刀尖圆弧半径值等输入数控系统，程序执行时数控系统将根据输入的补偿值对刀具实际运动轨迹进行补偿。对不具备刀具补偿功能的数控车床，则需手动计算补偿量。

⑤第三坐标指令 I、K 在不同程序段中的作用不相同。切削圆弧时，I、K 表示圆心相对圆弧起点的坐标增量；在有固定循环指令的程序段中，I、K 则用来表示每次循环的进刀量。

(1)数控车床常用指令介绍

①绝对坐标与增量坐标编程指令 G90、G91

用 G90 编程时，程序段中的坐标尺寸为绝对值，即在工件坐标系中的坐标值。用 G91 编程时，程序段中的坐标尺寸为增量坐标值，即刀具运动的终点相对于前一位置的坐标增量。例如，要求刀具由 A 点直线插补到 B 点(见图 4-9)，用 G90、G91 编程时，程序段分别为：

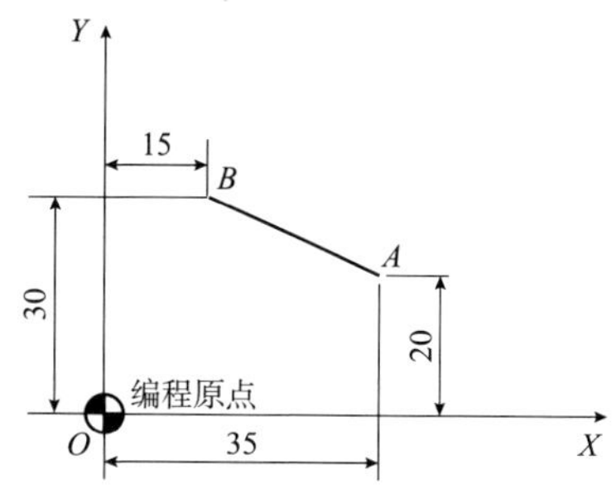

图 4-9　G90、G91 指令编程示例

```
N100 G90 G01 X15.0 Y30.0 F100;
N100 G91 G01 X-20.0 Y10.0 F100;
```

数控系统通电后，机床一般处于 G90 状态。此时所有输入的坐标值是以工件原点为基准的绝对坐标值，并且一直有效，直到在后面的程序段中出现 G91 指令为止。

②G00、G01、G02、G03 指令

对于数控车床，G00、G01、G02、G03 指令的程序段格式分别如下：

快速点定位(图 4-10)：

```
G00 X(U) _ Z(W) _ ;
```

直线插补：

```
G01 X(U) _ Z(W) _ F _ ;
```

G02 为顺时针圆弧插补，G03 为逆时针圆弧插补。判断顺、逆方向的方法为：沿垂直于圆弧所在平面的坐标轴的正向往负方向看，刀具相对于工件的转动方向是顺时针方向为 G02，逆时针方向为 G03，如图 4-11 所示。

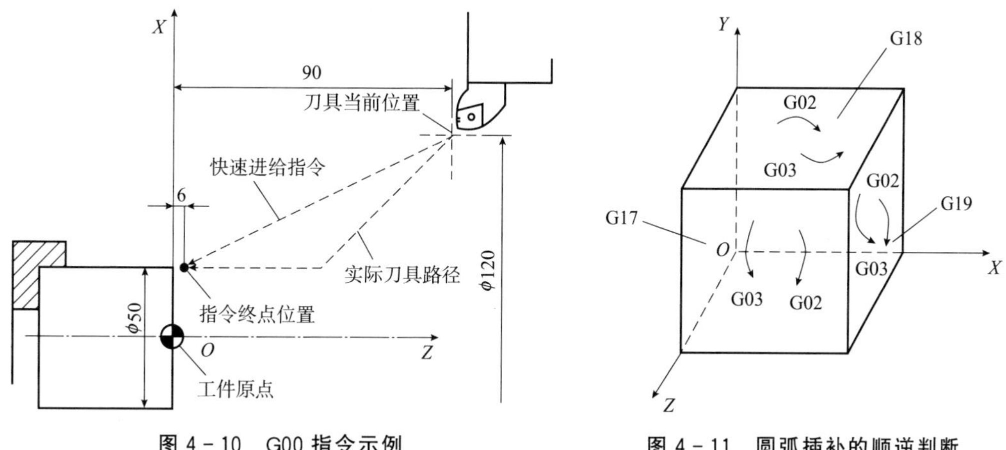

图 4-10　G00 指令示例

图 4-11　圆弧插补的顺逆判断

加工圆弧时，不仅要用 G02、G03 指出圆弧的顺时针或逆时针方向，用 X、Y、Z 指

定圆弧的终点坐标，而且还要指定圆弧的圆心位置。圆心位置的指定方式有两种，因而G02、G03程序段的格式有两种。

用I、J、K指定圆心位置：

$$\left.\begin{matrix}G17\\G18\\G19\end{matrix}\right\}\left.\begin{matrix}G02\\ \\G03\end{matrix}\right\}X\_\ Y\_\ Z\_\ I\_\ J\_\ K\_\ F\_\ ;$$

用圆弧半径R指定圆心位置：

$$\left.\begin{matrix}G17\\G18\\G19\end{matrix}\right\}\left.\begin{matrix}G02\\ \\G03\end{matrix}\right\}X\_\ Y\_\ Z\_\ R\_\ F\_\ ;$$

采用绝对坐标编程时，X、Y、Z为圆弧终点在工件坐标系中的坐标值；采用增量坐标编程时，X、Y、Z为圆弧终点相对于圆弧起点的坐标增量值。

无论是绝对坐标编程还是增量坐标编程，I、J、K都为圆心坐标相对圆弧起点坐标的增量值，如图4-12所示。

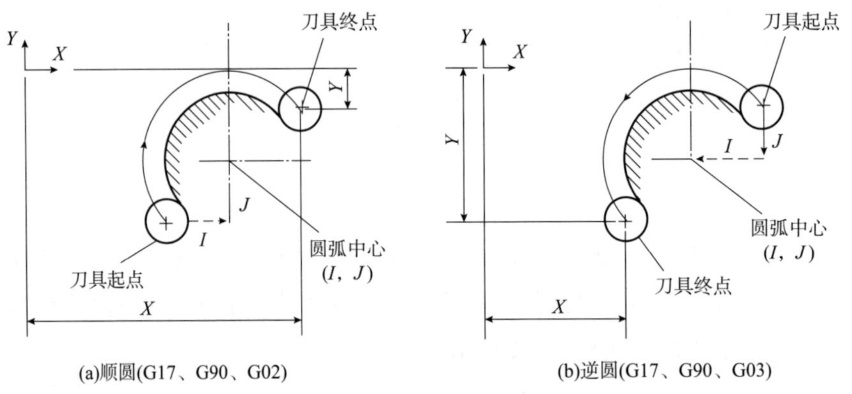

图4-12　圆弧圆心坐标的表示方法

圆弧所对的圆心角 $\alpha \leqslant 180°$ 时，用"+R"表示；当心 $\alpha > 180°$ 时，用"-R"表示，如图4-13中的圆弧1和圆弧2。

③F、S指令设置

a. F指令设置

在数控车床中有两种切削进给模式设置方法，一种是每转进给模式，单位为mm/r；另一种是每分钟进给模式，单位为mm/min。

指令为：

G99 F_；每转进给模式

G98 F_；每分钟进给模式

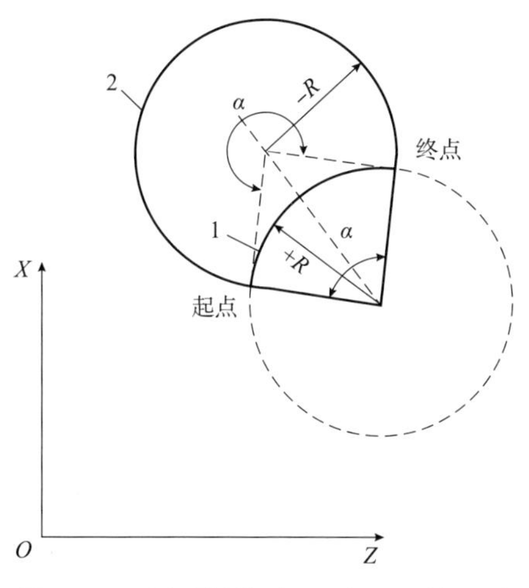

图 4－13　圆弧插补时＋R 与－R 的区别

G98 和 G99 都是模态指令，一经指定一直有效，直到重新指定为止。

b. S 指令设置

数控车削加工时，主轴转速可以设置成恒切削速度，车削过程中数控系统根据工件不同位置处的直径值计算主轴转速。

恒切削速度的设置方法为：

G96 S；S 的单位为 m/min

主轴转速也可不设置成恒切削速度，指令格式为：

G97 S；S 的单位为 r/min

注意：设置成恒切削速度时，为了防止主轴转速过高而发生危险，在设置前应将主轴最高转速设置在某一最高值。

指令格式为：

G50 S；S 的单位为 r/min

c. T 代码

T 代码为刀具功能指令，后面跟若干位数字，不同的机床可以有不同的数字位数和定义，一般用来表示选择刀具，或用来选择刀具偏置。例如，T12M06 表示将当前刀具换成 12 号刀具；T0102 表示 01 号刀具选用 02 号刀具补偿值。

④暂停指令 G04

在车削加工中，该指令可用于车削环槽、不通孔以及加工螺纹等场合，如图 4－14 所示。

指令格式为：

```
G04 U _ (或 P _ );
```

在 G98 进给模式下，指令中输入的时间即为停止进给的时间；在 G99 进给模式下，则为暂停进刀的主轴回转数。

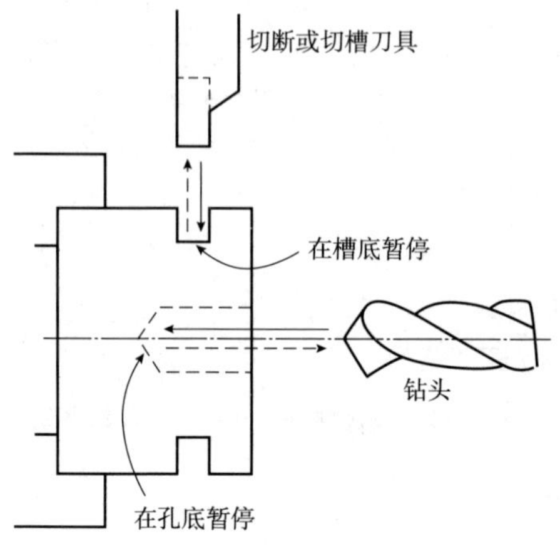

图 4－14　暂停指令 G04

⑤车削常用固定循环指令

为了简化编程工作，数控车床的数控系统中设置了不同形式的固定循环功能，常用指令有内外柱面循环、内外圆锥面循环、切槽循环、端面循环、内外螺纹循环、复合循环等，这些固定循环随不同的数控系统会有所差别，使用时应参考编程说明书。

a. 单一形状圆柱或圆锥切削循环指令 G90

圆柱切削循环程序段格式为：

```
G90 X(U) _ Z(W) _ F _ ;
```

圆锥切削循环程序段格式为：

```
G90 X(U) _ Z(W) _ I _ F _ 。
```

其中，X、Z 为圆柱或圆锥面切削终点坐标值；U、W 为圆柱或圆锥面切削终点相对循环起点的坐标增量；I 为锥体切削始点与切削终点的半径差。循环过程如图 4－15 所示。

加工图 4－15 所示的圆柱和圆锥，固定循环程序段可分别写成：

```
…
N10 G90 X35.0 Z20.0 F50;
N20     X30.0;
N30     X25.0;
…
N10 G90 X40.0 Z20.0 I－5.0 F50;
```

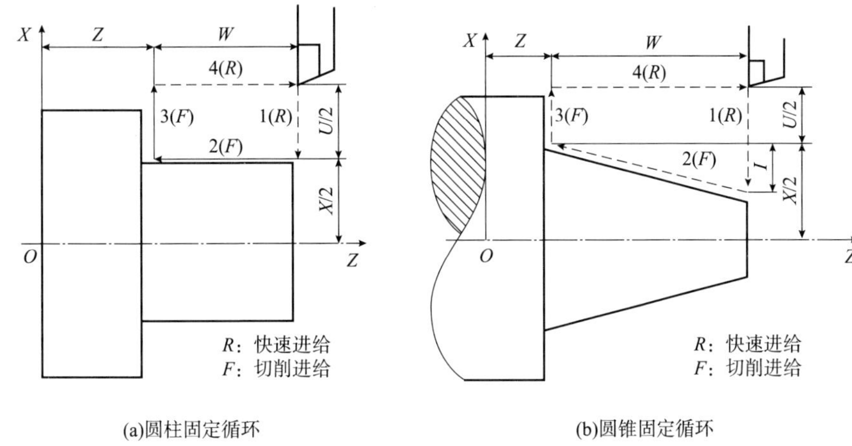

图 4－15　圆柱与圆锥固定循环

```
X20          X35.0;
X30          X30.0;
```

…

如图 4－16 所示为圆柱和圆锥固定循环加工示例：

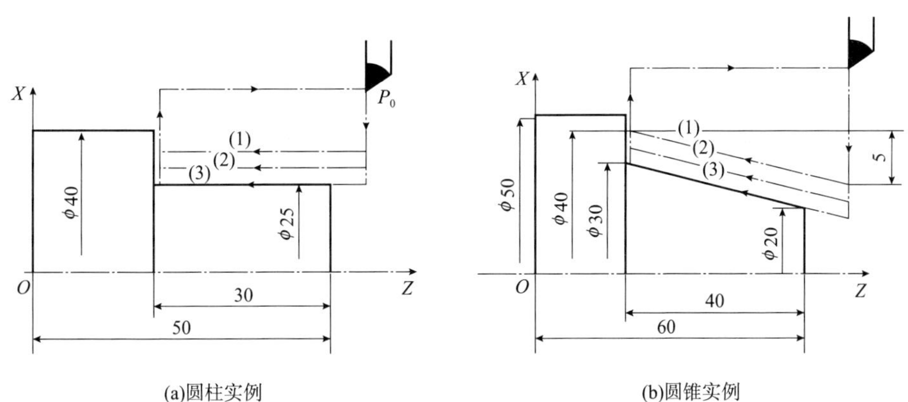

图 4－16　圆柱和圆锥固定循环加工示例

b. 端面切削循环指令 G94

端面切削循环程序段格式为：

```
G94 X(U) _ Z(W) _ F _ ;
```

其中，X、Z 为端面切削终点坐标值；U、W 为端面切削终点相对循环起点的坐标增量。切削循环过程如图 4－17 所示。

图 4－18 为端面加工实例，其程序段为：

….

```
N10 G94 X30.0 Z-5.0 F50;
N20          Z-8.0;
N30          Z-15.0;
…
```

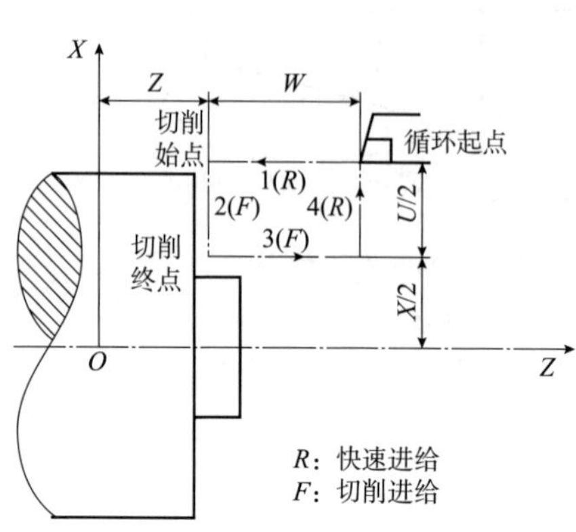

图 4-17　端面切削固定循环

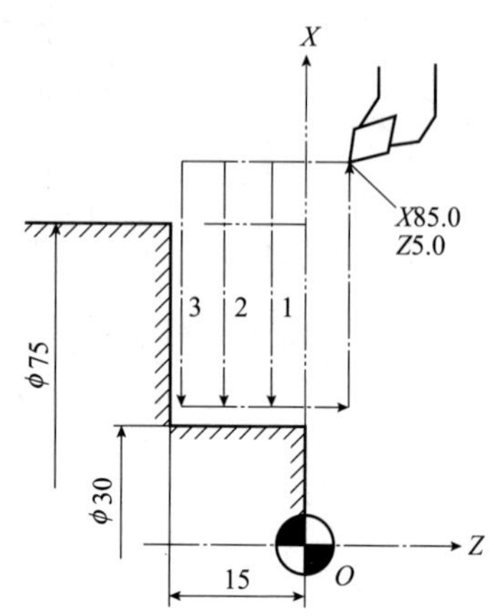

图 4-18　端面切削固定循环加工示例

c. 螺纹切削循环指令 G92

螺纹切削循环程序段格式为：

G92 X(U) _ Z(W) _ I _ F _ ;

其中，G92 是模态指令；X、Z 为螺纹切削终点坐标值；U、W 为螺纹切削终点相对循环起点的坐标增量；I 为锥螺纹切削始点与切削终点的半径差，I 为 0 时，即为圆柱螺纹。切削循环过程如图 4-19 所示。

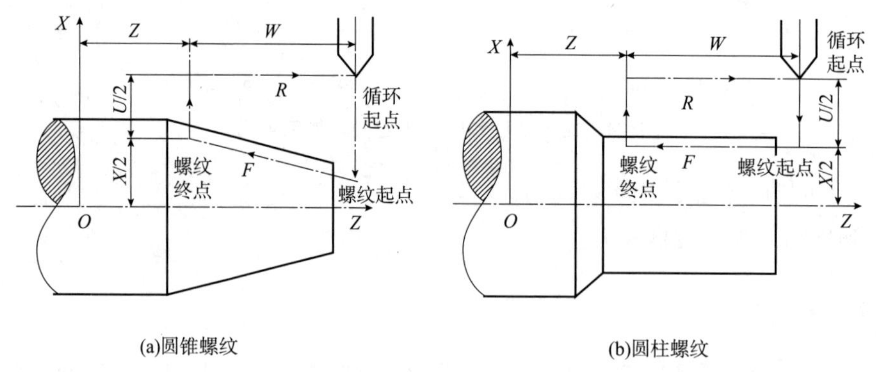

图 4-19　螺纹切削循环

例如，要加工如图 4-20 所示的 M30×2 普通螺纹，可使用 G92 指令编写下列加工程序段：

…

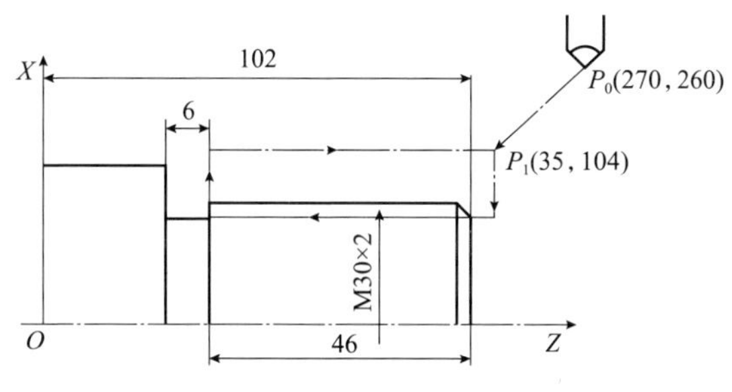

图 4-20　圆柱螺纹切削示例

```
N50 G92 X28.9 Z56.0 F2;
N60          X28.2;
N60          X27.7;
N60          X27.3;
…
```

d. 多重复合循环指令

应用 G90、G92、G94 等固定循环指令可使程序简化一些，但如果应用多重复合循环指令，则可使程序得到进一步简化。因为在多重复合循环中，只需指定精加工路线和粗加工的背吃刀量，系统就会自动计算出粗加工路线和走刀次数。

(a)外圆粗车循环指令 G71

外圆粗车循环指令 G71 的程序段格式为：

```
G71 U(Δd) R(e);
G71 P(ns) Q(nf) U(Δu) W(Δw) F_ S_T_;
N(ns )…
…
N(nf)…
```

其中，Δd 为背吃刀量，为半径值，无正负号；e 为退刀量；ns 为精加工程序段中的开始程序段号；nf 为精加工程序段中的结束程序段号；Δu 为 X 轴方向精加工余量；Δw 为 Z 轴方向精加工余量。

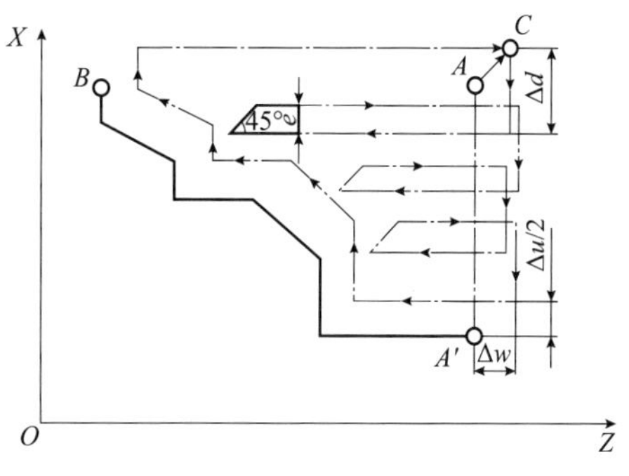

图 4-21　外圆粗车循环

外圆粗车循环的加工路线如图 4-21 所示。C 粗车循环的起点，A 为毛坯外径与轮廓端面的交点，$\Delta u/2$ 为 X 向精车余量，Δw 为 Z 向精车余量，e 为退刀量，d 为背吃刀量。

例如，要粗车图 4-22 所示短轴的外圆，假设粗车切削深度为 5mm，退刀量为 1mm，

X 向精车余量为 2mm，Z 向精车余量为 2mm，则加工程序段为：

```
…
N20 G00 X170.0 Z180.0 S750 T0202 M03;
N30 G71 U5.0 R1.0; 定义粗车循环，切削深度为 5mm，退刀量为 1mm
N35 G71 P40 0100 U4.0 W2.0 F0.3 S500;
N40 G00 X45.0 S750;
N50 G01 Z140.0 F0.1;
N60 X65.0 Z110.0;
N70 Z90.0;
N80 X140.0 Z80.0;
N90 Z60.0;
N100 X150.0 Z40.0;
…
```

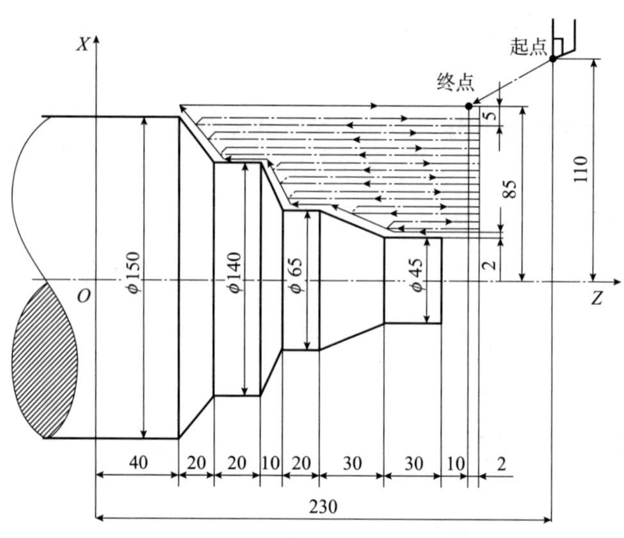

图 4-22　外圆粗车循环示例

(b)端面车加工循环指令 G72

端面车加工循环指令 G72 的程序段格式为：

```
G72 U(Δd) R(e);
G72 P(ns) Q(nf) U(Δu) W(Δw) F_S_T_;
N(ns)…
N(nf)…
```

其中各参数的含义与外圆粗车循环程序段中的参数含义相同。端面粗车循环的加工路线如图 4－23 所示。

例如，要用端面车加工循环加工图 4－24 所示的短轴，假设粗车深度为 1mm，退刀量为 0.3mm，*X* 向精车余量为 0.5mm，*Z* 向精车余量为 0.25mm，则加工程序段为：

```
…
N40 G00 X176.0 Z130.25;
N50 G72 U1.0 R0.3;
N60 G72 P70 Q120 U1.0 Z0.25 F0.3 S500;
N70 G00 Z56.0 S600;
N80 G01 X120.0 Z70.0 F0.15;
N90 W10.0;
N100 X80.0 W10.0;
N120 X36.0 W22.0;
N130…
…
```

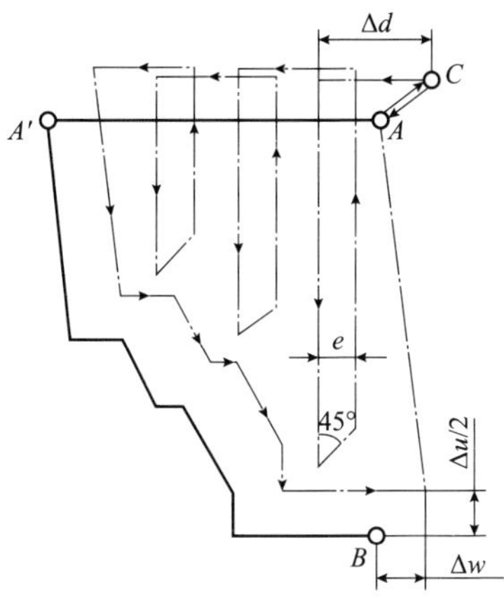

图 4－23　端面粗车循环

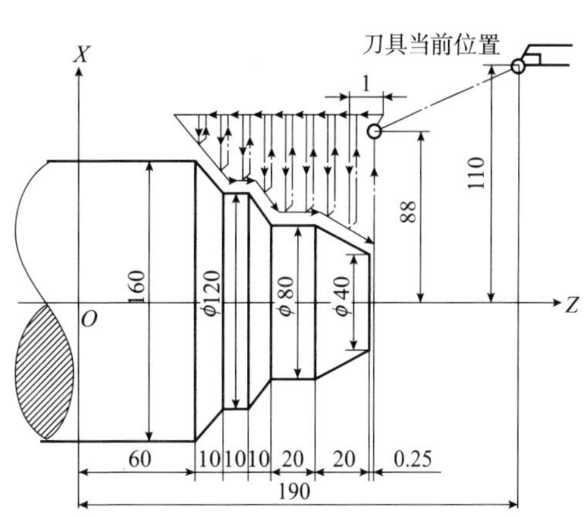

图 4－24　端面粗车循环示例

(c)成形车削循环指令 G73

G73 指令适用于毛坯轮廓形状与零件轮廓形状基本接近的毛坯的粗加工，如一些锻件或铸件的粗车。成形车削循环的程序段格式为：

```
G73 U(Δi) w(Δk) R(Δd);
G73 P(ns) Q(nf) U(Δu) W(Δw) F_ S_T_;
N(ns)…
…
N(nf)…
```

其中，Δi 为沿 X 轴方向的退刀量(按半径编程)；Δk 为沿 Z 轴方向的退刀量；Δd 为重复加工次数，其他参数含义与 G71 指令相同。该指令的执行过程如图 4－25 所示。

例如，加工图 4－26 所示的短轴，X 轴方向退刀量为 14mm，Z 轴方向退刀量为 14mm，X 方向精车余量为 0.25mm，Z 方向精车余量为 0.25mm，重复加工次数为 3，则加工程序段为：

```
…
N30 G73 U14.0 W14.0 R3;
N40 G73 P50 Q100 U0.5 W0.25 F0.3 S180;
N50 G00 X80.0 W－40.0;
N60 G01 W20.0 F0.15 S600;
N70 X120.0 W－10.0;
N80 W－20.0 S400;
N90 G02 X160.0 W－20.0 R20.0;
N100 G01 X180.0 W－10.0 S280;
N110 G70 P50 Q100;
N120 G00 X260.0 Z220.0;
N130 M30;
```

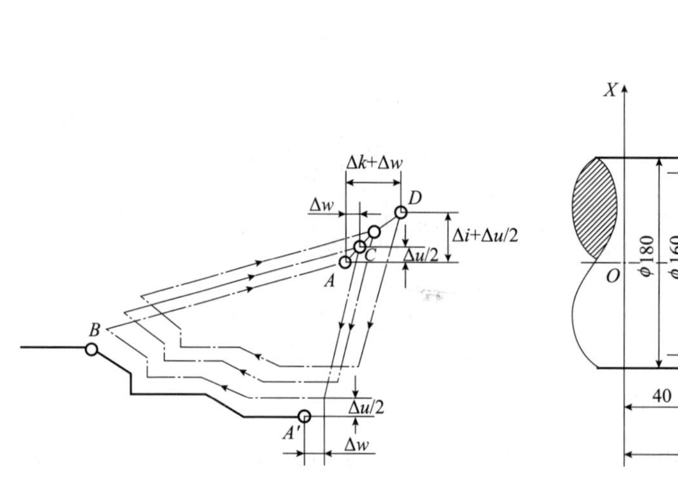

图 4－25　成形车削循环

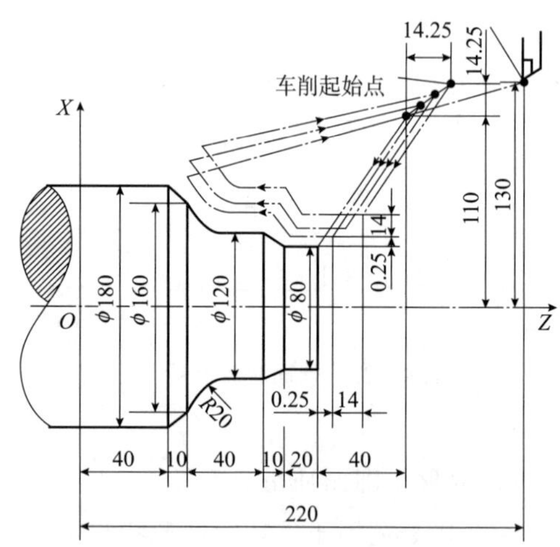

图 4－26　成型车削循环示例

(d)精车循环指令 G70

在采用 G71、G72、G73 指令进行粗车后，用 G70 指令可以作精加工循环切削，程序段格式为：

```
G70 P(ns) Q(nf);
```

其中，*ns* 为精车程序中开始程序段号；*nf* 为精车程序中结束程序段号。

编程时，精车过程中的 F、S、T 在程序段号 P 到 Q 之间指定，在 P 和 Q 之间的程序段不能调用子程序。

(e)复合螺纹切削循环指令 G76

G76 指令的程序段格式为：

G76 P(m)(r)(α) Q(Δd_{min}) R(d);

G76 X(U) _ Z(W) _ R(i) P(k) Q(Δd) F(f);

其中，m 为精加工最终重复次数(1～99)；r 为螺纹尾端倒角值，大小可设置为(0.0～9.9)L(L 为螺距)，用 00～99 的两位数表示；α 为刀尖的角度，可以选择 80°、60°、55°、30°、29°、0° 6 种，其角度数值用两位数指定；Δd_{min} 为最小切削深度；d 为精车余量。

X(U)、Z(W)为终点坐标或增量坐标；i 为螺纹锥度半径差($i=0$ 时为圆柱螺纹)；k 为螺纹高度，用半径值指定；Δd 为第一次的切削深度，用半径值指定；f 为螺距。螺纹切削方式如图 4-27 所示。

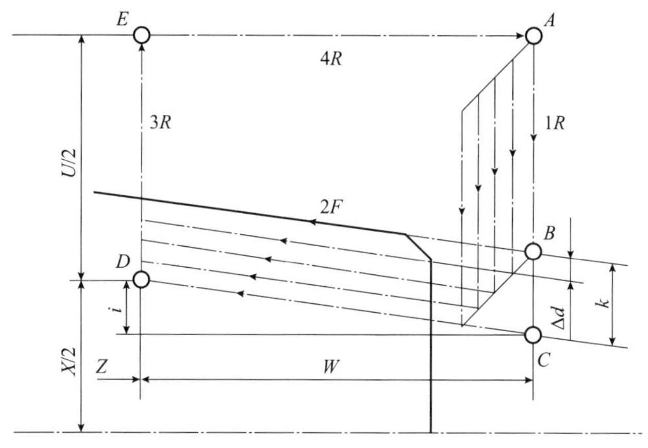

图 4-27　复合螺纹切削循环

例如，车削如图 4-28 所示的一段螺纹，螺纹高度为 3.68mm，螺距为 8mm，螺纹尾端倒角为 1.1L，刀尖角为 60°，第一次车削深度为 1.8mm，最小车削深度为 0.1mm，精车余量为 0.2mm，精车次数为 1 次，则螺纹加工程序段为：

```
…
N50 G76 P01 11 60 Q0.1 R0.2;
N60 G76 X60.64 Z25.0 R0 P3.68 Q1.8 F8.0;
…
```

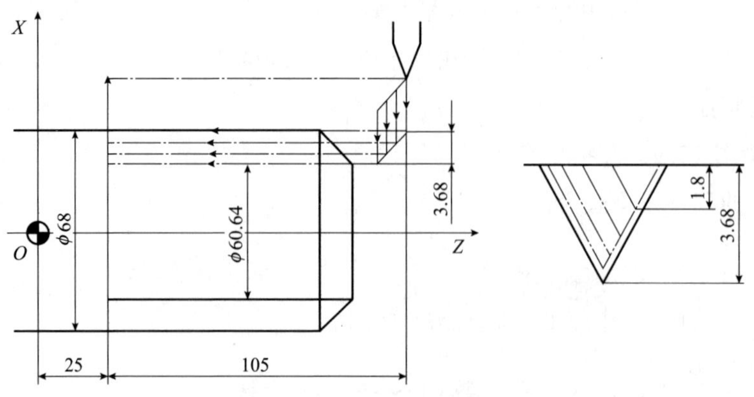

图 4-28　复合螺纹切削循环示例

⑥参考点返回指令 G28

G28 为参考点自动返回指令，程序段格式为：

```
G28 X(U) _ Z(W) _ ;
```

其中，X(*U*)、Z(*W*)为参考点返回时经过的中间点坐标，如图 4-27 所示。

4.3　数控车削加工编程实例

如图 4-29 所示工件，需要进行精加工，其中 ϕ85mm 外圆不加工。毛坯为 ϕ85mm×340mm 棒材，材料为 45 钢。

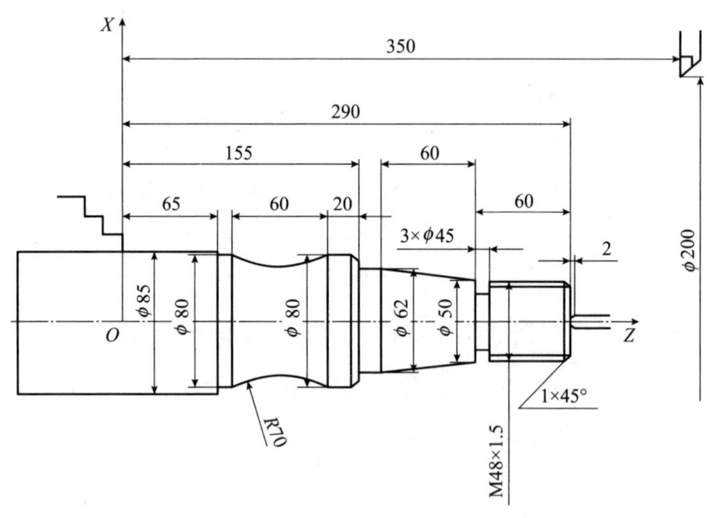

图 4-29　车削编程实例

工件以 ϕ85mm 外圆及右中心孔为定位基准用三爪自定心卡盘夹持 ϕ85mm 外圆，用机床尾座顶尖顶住右中心孔。加工时自右向左进行外轮廓面加工，走刀路线为：倒角—车螺纹外圆—车圆锥—车 ϕ62mm 外圆—倒角—车 ϕ80mm 外圆—车 R70mm 圆弧—车 ϕ80mm

外圆—切槽—车螺纹。根据加工要求，采用三把刀具：1 号刀车外圆、2 号刀切槽、3 号刀车螺纹。

精加工程序如下：

```
O0003;
N10 G50 X200.0 Z350.0；工件坐标系设定
N2 G30 U0 W0 T0101 S630 M03；换 1 号刀
N30 G00 X41.8 Z292.0 M08；快速进给
N40 G01 X47.8 Z289.0 F0.15；倒角
N50 Z230.0；车螺纹外圆
N60 X50.0；车台阶
N70 X62.0 W-60.0；车圆锥
N80 Z155.0；车 ϕ62mm 外圆
N90 X78.0；车台阶
N100 X80.0 W-10.0；倒角
N110 W-19.0；车 ϕ80mm 外圆
N120 G02 W-60.0 R70.0；车 R70mm 圆弧
N130 G01 Z6.0；车 ϕ80mm 外圆
N140 X90.0；车台阶
N150 G00 X200.0 Z350.0 T0100 M09；退刀
N160 G30 U0 W0 T0202；换 2 号刀
N170 S315 M03；
N180 G00 X51.0 Z230 M08；
N190 G01 X45.0 F0.16；切槽
N200 G04 O5.0；暂停进给 5s
N210 G00 X51.0；
N220 X200.0 Z350.0 T0200 M09；
N230 G30 U0 W0 T0303；换 3 号刀
N240 S200 M03；
N250 G00 X62.0 Z296.0 M08；快速接近车螺纹进给刀起点
N260 G92 X47.54 Z231.5 F1.5；螺纹切削循环，螺距为 1.5mm
N270 X46.94；螺纹切削循环，螺距为 1.5mm
N280 X46.54；螺纹切削循环，螺距为 1.5mm
N290 X46.38；螺纹切削循环，螺距为 1.5mm
N300 G00 X200.0 Z350.0 T0300 M09；
```

```
N310 M05;
N320 M30;
```

思考与练习

4-1 名词解释：直径编程与半径编程，绝对坐标编程、增量坐标编程与混合坐标编程，数控车刀的刀位点与刀尖点，恒转速与恒线速度控制。

4-2 简述数控车床的前置刀架与后置刀架坐标系的异同性。

4-3 数控车削系统绝对坐标编程、增量坐标编程的方法是什么？数控车削系统编程为什么允许在同一个程序段中混合编程？

4-4 数控车床的进给速度控制指令有哪些？一般常用哪种？

4-5 数控车床的主轴控制指令有哪些？其使用时有什么特点？

4-6 试说明数控车床的圆弧插补指令的顺圆与逆圆如何判断？为什么？

4-7 什么叫对刀？数控车削系统的对刀指令有哪些？试以试切法对刀为例说明其原理与方法。

4-8 数控车削系统的刀具偏置(补偿)包含哪些项目？其作用如何？各是用什么方式调用的？

4-9 试说明数控车床的外形偏置原理及其作用。

4-10 试说明数控车床的刀尖圆弧半径补偿原理及其作用。是不是什么场合都必须使用刀尖圆弧半径补偿？

4-11 试说明简单固定循环 G90 和 G94 等厚度分层加工与变厚度分层加工的编程点。

4-12 试说明数控车床复合固定循环指令 G71、G72、G73 的刀具路径及适用场合，并说明其与指令 G70 的关系及使用方法。

4-13 试说明螺纹切削固定循环指令 G32、G92 和 G76 的刀具路径及编程指令的区别？

4-14 编程题：编制图 4-30 所示零件的数控车削加工程序。

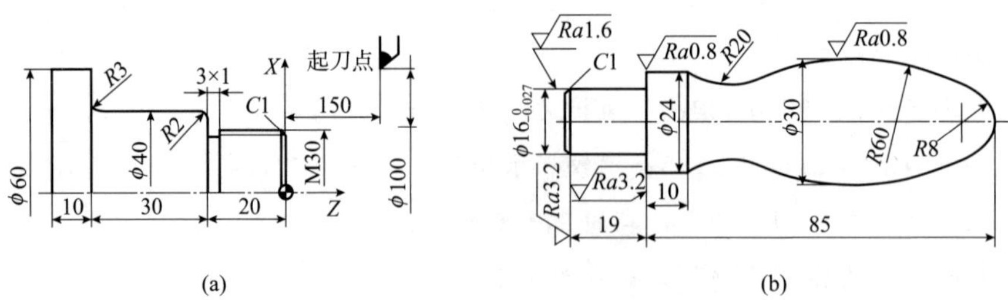

图 4-30 数控车削加工零件图

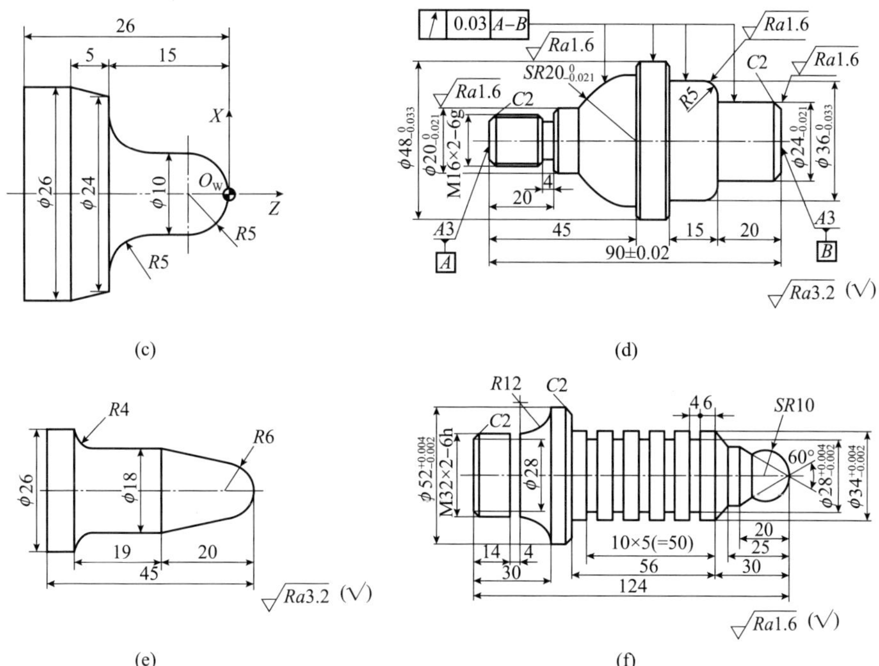

图 4－30 数控车削加工零件图(续)

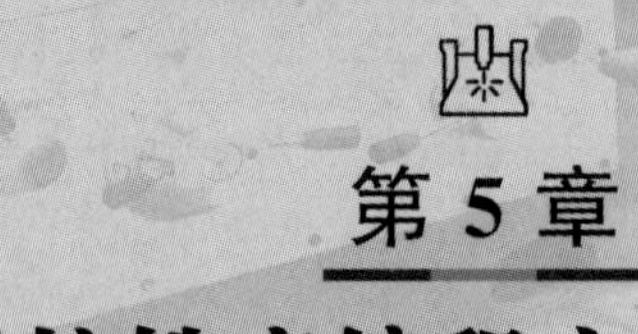

第 5 章 数控铣床编程方法与实例

5.1 概述

根据数控机床的用途进行分类，用于完成铣削加工或镗削加工的数控机床称为数控铣床。数控铣床根据主轴放置的不同可分成立式、卧式和立卧两用 3 种形式。图 5－1 所示为立式数控铣床，图 5－2 所示为立式龙门数控铣床，图 5－3 所示为卧式数控铣床。

图 5－1 立式数控铣床

图 5－2 立式龙门数控铣床

图 5－3 卧式数控铣床

5.1.1 数控铣床的加工对象

根据数控铣床的特点，适合于数控铣削的主要加工对象有以下几类：

①平面类零件：加工面平行或者垂直于水平面，或者加工面与水平面的夹角为定角的零件为平面类零件。这类零件的特点是各个加工面是平面或者可以展开成平面，加工时一般只需用三坐标数控铣床的两坐标或者两轴半联动即可。

②变斜角类零件：加工面与水平面的夹角呈连续变化的零件称为变斜角类零件，以飞机零部件最为常见。其特点是加工面不能展开成平面，加工中加工面与铣刀周围接触的瞬间为一条直线。对于此类零件一般采用四坐标或五坐标数控铣床摆角加工。

③曲面类零件：加工面为空间曲面的零件称为曲面类零件，其特点是加工面不能展开成平面，加工中铣刀与零件表面始终是点接触式。加工此类零件一般采用三坐标联动数控铣床。对于此类零件一般采用球头刀具，因为其他刀具加工曲面时更容易产生干涉而铣到邻近表面。

5.1.2 数控铣床编程特点

①为了方便编程中的数值计算，在数控铣床、加工中心的编程中广泛采用刀具半径补偿和刀具长度补偿来进行编程。

②为适应数控铣床、加工中心的加工需要，对于常见的镗孔、钻孔及攻螺纹等切削加工动作，用数控系统自带的孔加工固定循环功能来实现，以简化编程。

③大多数的数控铣床与加工中心都具备镜像加工、坐标系旋转、极坐标及比例缩放等特殊编程指令，以提高编程效率、简化编程。

④根据加工批量的大小，决定加工中心采用自动换刀还是手动换刀。对于单件或者小批量的工件加工，一般采用手动换刀，而对于批量较大且刀具更换频繁的工件加工，一般采用自动换刀。

⑤数控铣床与加工中心广泛采用子程序编程的方法。编程时尽量将不同工序内容的程序安排到不同的子程序中，以便对每一独立的工序进行单独调试，也便于工序不合理时的重新调整。主程序主要用于完成换刀及子程序的调用等工作。

⑥数控铣床与加工中心的宏程序编程功能。用户宏程序允许使用变量、算术及逻辑运算和条件转移，使得编制同样的加工程序更简便。例如，规则曲面宏加工程序和用户开发的型腔加工宏程序。

5.2 数控铣削编程原理

5.2.1 数控铣床的坐标系设定

(1)机床坐标系指令 G53

机床坐标系指令 G53 用于指定刀具在机床坐标系中的位置。其指令格式为：

(G90) G53 X _ Y _ Z _ ;

其中，X、Y、Z 为刀具在机床坐标系中的绝对坐标值。

执行该指令后，刀具快速移动到指令中所指定的机床坐标系的指定位置。

G53 指令是非模态指令，仅在程序段中有效，其尺寸数字必须是绝对坐标值(G90)，如果指令了增量坐标值(G91)，则 G53 被忽略。如果要将刀具移动到机床的特定位置换刀，可用 G53 指令编制刀具在机床坐标系的移动程序，刀具以快速运动速度移动。如果指定了 G53 命令，就取消了刀具半径补偿和长度补偿。

注意，在执行 G53 指令之前必须建立机床坐标系，否则 G53 无法执行刀具移动的具体位置。对于以相对位置检测元件的数控机床，必须执行完手动返回参考点操作(即回零)或用 G28 指令自动返回参考点后才能执行 G53 指令。对于采用绝对位置检测元件的数控机床，开机启动后即会自动建立起工件坐标系，所以这一返回参考点的操作就不必进行了。机床坐标系一旦设定，就保持不变，直到电源关断为止。

(2)选择工件坐标系指令 G54～G59

在 FANUC 数控系统中，可以在工件坐标系存储器中设定 6 个工件坐标系 No. 01 (G54)～No. 06(G59)，如图 5-4 所示。当外部零点偏移值设置为零时，1～6 号工件坐标系是以机床参考点为起点偏移的。但若设置了外部工件零点偏移值后，则 6 个工件坐标系同时偏移。图 5-4(a)中，EXOFS 为外部工件坐标系零点偏移值；ZOFS1～ZOFS6 为工件坐标系零点偏移值。图 5-4(b)为工件坐标系画面 1，按操作面板上的翻页键可以切换到画面 2，显示 G57～G59 偏置设置框。在工件坐标系设置画面中，若外部工件零点偏置值 EXOFS 设置为零，则外部工件坐标系零点 EXT 与机床参考点 O_m 重合。

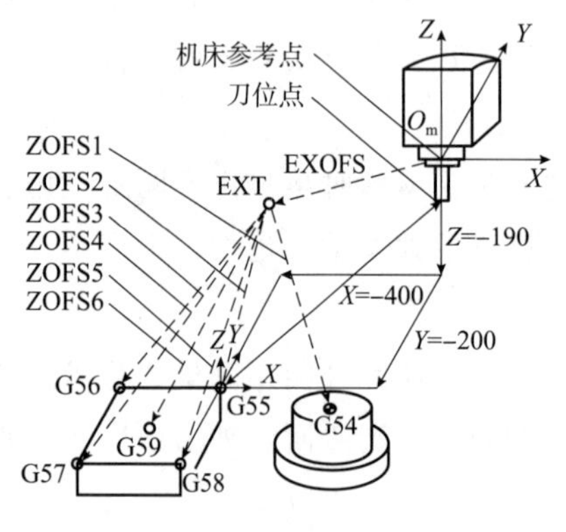

(a)工件坐标系与外部工件坐标系变移之间关系

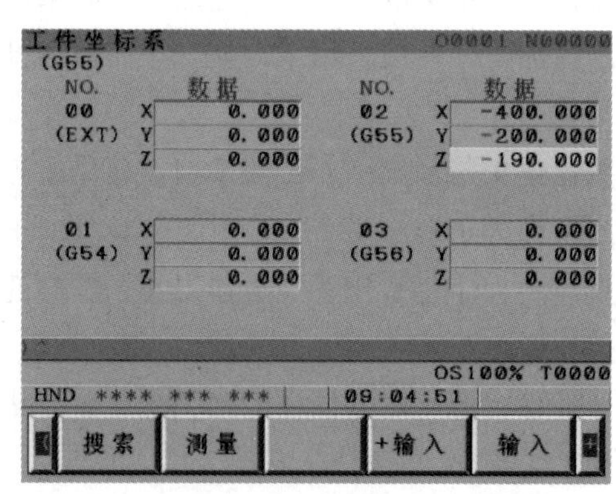

(b)工件坐标系画面

图 5-4 工件坐标系设定画面

在数控系统中，可以用 G54～G59 选择事先设置好的 6 个工件坐标系之一，这 6 个工件坐标系相对于机床原点的偏置距离可以通过 LCD/MDI 面板设置。在设置工件坐标系时，Z 轴的零点位置可以由用户确定，如实际中常常用刀具的刀位点作为机床参考点进行对刀。假设外部零点偏移值设置为零，并以刀位点对刀，设置的 G55 工件坐标系的值如图

5-4(b)所示。当机床通电并执行了返回参考点操作后所设定的工件坐标系即建立。注意，若重新设置工件坐标系，必须执行返回参考点操作才能生效。

(3)设定工件坐标系指令 G92

所谓设定工件坐标系，就是确定起刀点相对工件坐标系原点的位置，G92 使用方法与数控车削系统中工件坐标系设定指令 G50 类似。

G92 的指令格式如下：

(G90)G92 X _ Y _ Z _；

其中，X、Y、Z 只能是绝对坐标编程。在数控系统加工之前，必须先将刀具基准点(一般以所用刀具的刀位点或主轴端面中心点为基准点)与工件坐标系原点的相对位置调整至 G92 指令中的 X、Y、Z 值，如图 5-5 所示。若执行指令 G92 Xα Yβ Zγ，则是以刀具刀位点(用圆柱立铣刀时，为刀具端面中点)为基准点。若执行指令 G92 Xα Yβ Zγ'，则是以主轴端面为刀具基准点。用 G92 指令设定工件坐标系一般习惯于用刀位点为基准点建立工件坐标系。

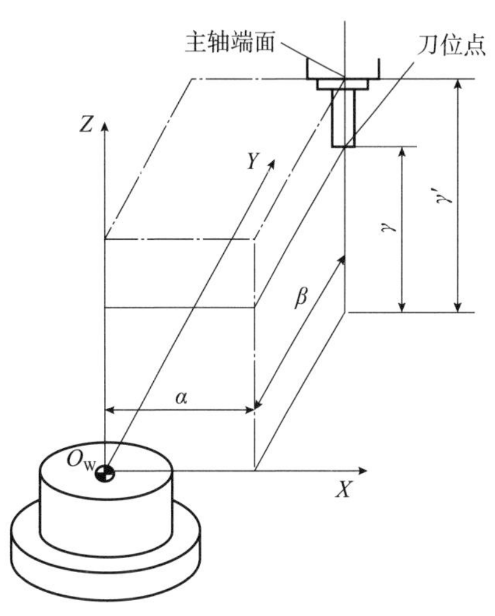

图 5-5 G92 设定工件坐标系

数控系统执行到 G92 指令时，虽然刀具本身并不会做任何移动，但此时数控系统内部会基于 α、β 和 γ 值及刀具的当前位置进行计算，确定工件坐标系，此时，可以看到数控系统的 LCD 显示屏上显示的坐标绝对值即为 G92 指令中的坐标值，后续有关刀具移动的指令执行过程中的尺寸字的绝对坐标值就是以该坐标系为基准的。因此，该指令称为工件坐标系“设定”指令。

注意：

①若在刀具长度补偿期间使用 G92 指令设定工件坐标系，则 G92 指令是用无补偿时的坐标值设定坐标系，并且刀具半径补偿被 G92 临时删除。

②G92 指令中的坐标设定值，在编程时是无法确定的，一般只是凭经验初定一个值，实际加工时，操作人员可以根据具体情况修改。

③G92 指令设定工件坐标系时，刀具基准点相对于工件坐标系原点的位置是主要的，对于多次加工时，每次加工完成后刀具必须返回 G92 指令执行前的位置，否则，第二次加工工件坐标系的位置就会发生变化。

④从第③条可以看出，若单件小批量生产，工件装夹位置不固定的话，每装夹一次就必须对一次刀，所以有时认为这个指令更适合于单件小批量生产。

⑤对于批量生产，一般习惯采用下面介绍的 G54～G59 指令建立工件坐标系。若用 G92 指令设定工件坐标系，则须按第③条中所说的在程序结束之前将刀具移至对刀点。但由于某种原因刀具位置发生了变化时，如每班结束之前打扫机床时将刀具的位置移动了，

则在下一次加工之前必须重新对刀。注意，巧妙利用 G53 指令可以克服这个问题。

5.2.2 数控机床的基本编程指令与分析

(1)G00、G01、G02、G03 指令

G00、G01、G02、G03 指令的程序段格式分别为：

```
G00 X _ Y _ Z _ ；快速点定位指令
G01 X _ Y _ Z _ F _ ；直线插补指令，F 的单位为 mm/min
G02/G03 X _ Y _ I _ J _ F _ ；或 G02/G03 X _ Y _ R _ F _ ；圆弧插补指令
```

(2)刀具半径补偿建立与取消指令 G41/G42、G40

程序段格式为：

```
G00/G01 G41/G42 X  _ Y _ D _  F _ ；建立补偿，G01 编程时才有 F 指令
G00/G01 G40 X _ Y _ F _ ；取消刀具半径补偿
```

(3)刀具长度补偿建立与取消指令 G43/G44、G40

程序段格式为：

```
G00/G01 G43/G44 Z _ D _ /H _ (F _ )；建立补偿，G01 编程时才有 F 指令
G00/G01 G40 Z _ (F _ )；取消长度补偿
```

(4)螺旋线插补指令

螺旋线插补指令与圆弧插补指令类似，也为 G02 和 G03，分别表示顺时针、逆时针螺旋线插补。不同之处在于螺旋线插补多了导程参数，程序段格式为：

```
G02/G03 X _ Y _ Z _ I _ J _ K _ F _ ；
G02/G03 X _ Y _ Z _ R _ K _ F _ ；
```

其中，X、Y、Z 为螺旋线的终点坐标；I、J 为圆心相对圆弧起点的坐标增量；K 为螺旋线的导程(单头即为螺距)，取正值；R 为螺旋线在 *XY* 平面上的投影半径。

例如，图 5－6 所示的螺旋线加工程序段(按绝对坐标编程)分别为：

```
G03 X0. 0 Y0. 0 Z50. 0 I20. 0 J0. 0 K25. 0;
G02 X40. 0 Y0. 0 Z50. 0 I－20. 0 J0. 0 K25. 0;
```

(5)渐开线插补指令 G02. 2、G03. 2

可以使用渐开线插补指令进行渐开线曲线的加工，这样，就不再需要通过直线或圆弧段逼近渐开线曲线，可以消除微小程序段高速加工下的脉冲分配的中断，从而进行高速而又平顺的加工。程序段格式为：

```
G02. 2/G03. 2 X _ Y _ I _ J _ R _ F _ ；
```

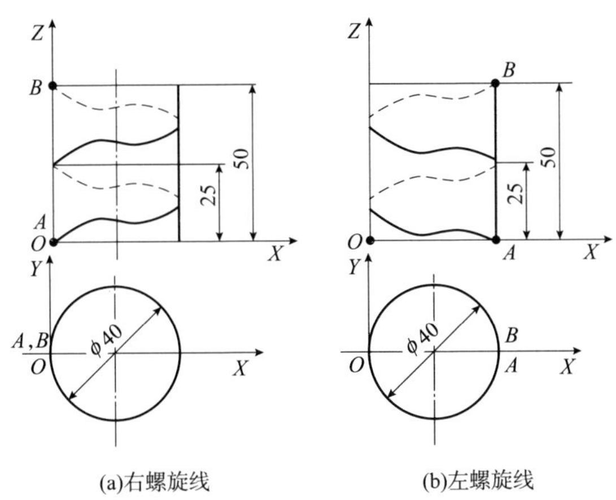

(a)右螺旋线　　(b)左螺旋线

图 5-6　螺旋线插补指令举例

其中，G02.2 为顺时针方向渐开线插补；G03.2 为逆时针方向渐开线插补；I、J 为渐开线曲线基圆中心相对起点的坐标增量；R 为基圆半径；F 为进给速度。

(6)旋转/取消指令 G68、G69

旋转指令可以使编程形状旋转，达到补偿的目的。旋转指令程序段格式为：G68 X _ Y _ R _ ；

其中，X、Y 为旋转中心；R 为旋转角度，逆时针为正、顺时针为负。

(7)比例缩放/取消指令 C51、C50

缩放指令可以使编程形状被放大或缩小(比例缩放)，从而简化程序，常用于形状相似的零件。程序段格式为：

G51 X _ Y _ Z _ P _ ；

其中，X、Y、Z 为比例中心的绝对坐标，P 为缩放系数，范围为 0.001～999.999。执行该指令后，后续程序坐标相对于比例中心缩放了 P 倍。比例缩放时，也可用不同的放大倍率进行缩放，程序段格式为：

G51 X _ Y _ Z _ I _ J _ K _ ；

5.3　数控铣削加工及编程实例

例 5-1　加工如图 5-7 所示的槽，毛坯为 70mm×70mm×16mm 板材，工件材料为 45 号钢，六面已经过粗加工，要求编制精加工数控铣削程序。

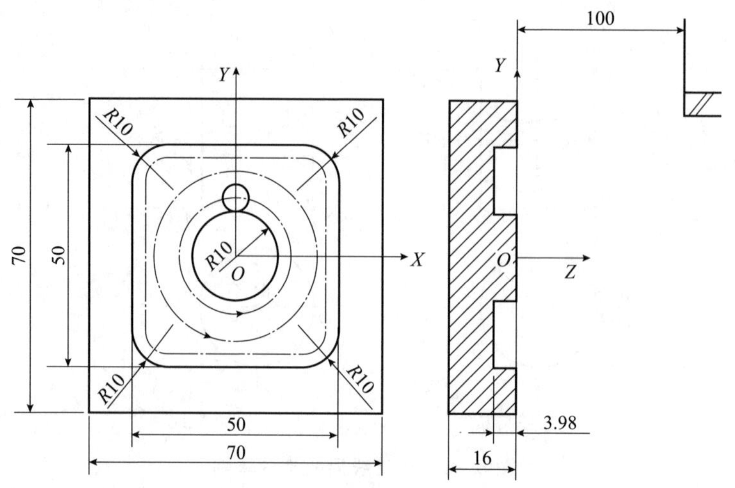

图 5-7 铣削加工零件实例

工件以已加工过的底面为定位基准，用通用台虎钳夹紧工件前后两侧面，并固定于铣床工作台上。加工时先按两个圆轨迹走刀，再加工 50mm×50mm 的四角倒圆的正方形。切削深度为 3.98mm。工件坐标系原点设在工件表面的中心点上。选用 ϕ8mm 的键槽铣刀，主轴转速为 500r/min，进给速度为 100mm/min，该工件的加工程序如下：

```
O1000;
N10 G92 X35.0 Y35.0 Z100.0；工件坐标系设定
N15 S500 M03;
N17 G90 G00 X14.0 Y0.0 Z1.0 M08；切入
N20 G01 Z-3.98 F100；下刀到槽的深度
N30 G03 X14.0 Y0 I-14.0 J0；走圆轨迹
N40 G01 X20.0;
N50 G03 X20.0 Y0 I-20.0 J0；走圆轨迹
N60 G41 G01 X25.0 Y0 D01；切入槽外轮廓，建立补偿
N65 G01 Y15.0；以下为槽外轮廓加工程序
N70 G03 X15.0 Y25.0 I-10.0 J0;
N80 G01 X-15.0;
N90 G03 X-25.0 Y15.0 I0 J-10.0;
N100 G01 Y-15.0;
N110 G03 X-15.0 Y-25.0 I10.0 J0;
N120 G01 X15.0;
N130 G03 X25.0 Y-15.0 I0 J10.0;
N140 G01 Y0;
N150 G00 Z150.0 M05；抬刀
```

```
N160 G40 X35.0 Y35.0 M09; 取消补偿
N160 M30;
```

例 5-2 加工如图 5-8 所示的凸轮轮廓及槽。工件以其底面和孔作为定位基准，并进行压紧。工件坐标系原点设在工件中心上，对刀点设在 ϕ14mm 孔中心点上方 50mm 处。选用的刀具为 ϕ25mm 立铣刀、ϕ8mm 键槽铣刀。

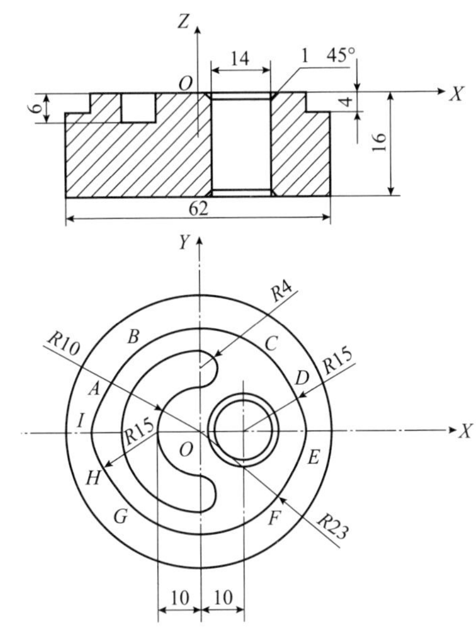

图 5-8 铣削加工零件实例

加工程序如下：

```
O0010; 铣槽程序
N10 G92 X10.0 Y2.0 Z50.0; 工件坐标系设定
N15 S1000 M03;
N20 G90 G00 G43 H01 Z2.0; 建立刀具长度补偿
N30 X0.0 Y14.0 M08;
N40 G01 Z-6.0 F100;
N50 G03 X0.0 Y-14.0 I0.0 J-14.0; 铣槽
N70 G01 Z2.0;
N80 G00 G49 Z20.0; 取消补偿
N90 X0 Y0 Z50 M09;
N100 M05;
N110 M30;
O0011; 凸轮轮廓铣削程序
N5 G92 X10.0 Y2.0 Z50.0;
```

```
N10 S1000 M03;
N20 G90 G00 Z2.0;
N30 G41 D03 X-25.0 Y-25.0 M08; 建立刀具补偿
N40 G01 Z-4.0 F200; 下刀
N50 X-25.0 Y0; 切入
N60 G02 X-22.0 Y9.0 R15.0; 加工圆弧 IA
N70 G01 X-18.4 Y13.8; 加工直线 AB
N80 G02 X18.4 Y13.8 R23.0; 加工圆弧 BC
N90 G01 X22.0 Y9.0; 加工直线 CD
N100 G02 X22.0 Y-9.0 R15.0; 加工圆弧 DE
N110 G01 X18.4 Y-13.8; 加工直线 EF
N120 G02 X-18.4 Y-13.8 R23.0; 加工圆弧 FG
N130 G01 X-22.0 Y-9.0; 加工直线 GH
N140 G02 X-25.0 Y0 R15.0; 加工圆弧 HI
N150 G01 Z50.0 M09;
N160 G00 G40 X10.0 Y2.0 M05;
N170 M30;
```

5.4 宏程序编程方法

普通加工程序编制时，直接在地址字后面使用数字值，如 G91 和 X100.0 等，宏程序编程则是指使用宏变量进行算术运算、逻辑运算和函数混合运算的程序编写形式。宏程序功能允许使用变量、算术和逻辑运算以及条件分支控制，形成打包好的自定义的固定循环。加工程序可利用一条简单的指令来调用宏程序，就像使用子程序样。采用宏指令编程可编制各种复杂的零件加工程序，增强机床的加工能力，同时可精简程序量。

(1)变量的表示

不同的数控系统，变量表示方法也不一样。FANUC 系统的变量通常用变量符号“＃”和变量号指定，如＃103、＃100 等。

(2)变量的类型

变量一般分为空变量、局部变量、全局变量和系统变量(表 5-1)。全局变量是指在主程序和主程序调用的各用户宏程序内部都有效的变量；局部变量只能在宏程序内部使用，用于保存数据，如运算结果等，当电源关闭时，局部变量被清空，而当宏程序被调用时，调用参数被赋值给局部变量；系统变量是系统固定用途的变量，可被任何程序使用，有些是只读变量，有些可以赋值或修改；空变量总为空。

表 5-1 变量类型及含义

变量号	变量名	功能
#0	空变量	该变量总为空，不能赋值
#1～#33	局部变量	在宏程序中存储数据，断电时不保存
#100～#199	全局变量	在不同的宏程序中意义相同，#100～#199 断电为空，#500～#999 断电不丢失
#500～#999	全局变量	
#1000～	系统变量	用于保存 CNC 的各种数据，如当前位置、刀具偏置值等

(3)变量值的范围

局部变量和全局变量的取值范围为-10^{-47}～-10^{-29}或10^{-29}～10^{47}，同时含有 0。

(4)变量的引用

①当用表达式指定变量时，应使用括号，如 G01 X[#1+#2]F#3。

②当改变变量符号时，应把负号(－)放在#前面，如 G00X－#1。

③当引用未定义变量时，地址字和变量都被忽略。例如，#1 定义为 0，G00 X#1 Y #4 执行的结果为 G00 X0。

(5)算术和逻辑运算

在宏程序中可对变量进行算术和逻辑运算，如表 5-2 所示。

表 5-2 算术和逻辑运算

名称	格式	备注
定义	#i=#j	
加减法	#i=#j±#k	
乘法	#i=#j×#k	
除法	#i=#j/#k	
正弦、反正弦	#i=SIN[#j] #i=ASIN[#j]	角度以°指定，90°30"表示为 90.5°
余弦、反余弦	#i=COS[#j]#i=ACOS[#j]	
正切，反正切	#i=TAN[#j] #i=ATAN[#j]	
平方根	#i=SQRT[#j]	
绝对值	#i=ABS[#j]	
舍入	#i=ROUND[#j]	
上取整	#i=FIX[#j]	
下取整	#i=FUP[#j]	
自然对数	#i=LN[#j]	
指数函数	#i=EXP[#j]	

续表

名称	格式	备注
或	＃i=＃jOR ＃k	
异或	＃i= ＃jXOR ＃k	
与	＃i=＃jAND ＃k	
从 BCD 转为 BIN	＃i=BIN[＃j]	
从 BIN 转为 BCD	＃i=BCD[＃j]	

(6)转移和循环指令

①无条件跳转

GOTO *n*；向前跳转

GOTO ＃*i*；向后跳转

②有条件跳转

IF 条件 GOTO *n*；

IF 条件 GOTO ＃*i*；

③循环(WHILE)语句

WHILE[条件表达式]DO *m*(*m*=1，2，3)；

END *m*；

其中，*m* 是循环标识号，是自然数。当循环条件为真时，执行 Do *m* 与 END *m* 之间的程序；为假时执行 END *m* 后面的语句。

在转移和循环指令中，会用到 EQ(=)、NE(≠)、GT(>)、GE(>=)，LT(<)，LE(<=)等运算符。例如：

```
O9500;
#1 = 0;
#2 = 1;
N1 IF [#2 GT 10]GOTO 2;
      #1 = #1 + #2;
      #2 = #2 + #1;
GOTO 1;
N2 M30;
```

(7)宏程序调用

宏程序调用方式主要有非模态调用(G65)和模态调用(G66)。

①非模态调用

非模态调用格式为：

```
G65 P _ L _《自变量表》;
```

其中，P 为调用程序号；L 为重复调用次数；自变量表为传递到宏变量的数据内容。非模态调用的宏程序只能在被调用后执行 L 次，程序执行 G65 后面的程序时不再调用。

例如，下列程序中，P9010 表示调用 O9010 宏程序，L2 表示调用两次，A1.0B2.0 表示把数据 1.0 和 2.0 传递到＃1、＃2 变量中，即＃1＝1.0，＃2＝2.0。自变量与宏变量有对应关系，如 A、B 分别与＃1、＃2 对应，实际编程时，对应关系可查阅数控系统手册。

```
O0001;
…
G65 P9010 L2 A1.0 B2.0;
…
M30;
O9010;
#3 = #1 + #2;
IF[#3 GT 360]GOTO 9;
G00 G91 X#3;
N9 M99;
```

例 5-3　加工如图 5-9 所示的零件，取零件中心为编程零点，选用 ϕ12 键槽铣刀加工，用 G65 调用完成加工，宏程序用绝对坐标编程。

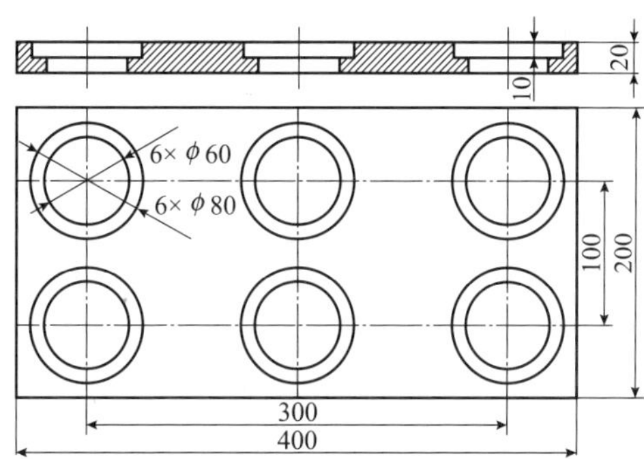

图 5-9　宏程序编制实例

```
O1000; 主程序
G54 G90 G00 G17 G40 M03;
Z50 S2000;
G65 P9010 X-150.0 Y-50.0;
G65 P9010 X-150.0 Y50.0;
G65 P9010 X0.0 Y50.0;
G65 P9010 X0.0 Y-50.0;
```

```
G65 P9010 X150.0 Y-50.0;
G65 P9010 X150.0 Y50.0;
G0 Z100.0;
M30;

%9010;宏程序
G90 G0 X[#24+24]Y#25;
G01 Z-20.0 F60;
G03 I-24.0 F200;
G0 Z-10.0;
G01 X[#24+34];
G03 I-34.0;
G0 Z5.0;
M99;
```

例 5－4 编制如图 5－10 所示的加工圆周上孔的宏程序。圆周半径为 I，起始角为 A，间隔为 B(顺时针方向，B 指定为负值)，钻孔数为 H，圆的中心坐标为(X，Y)。

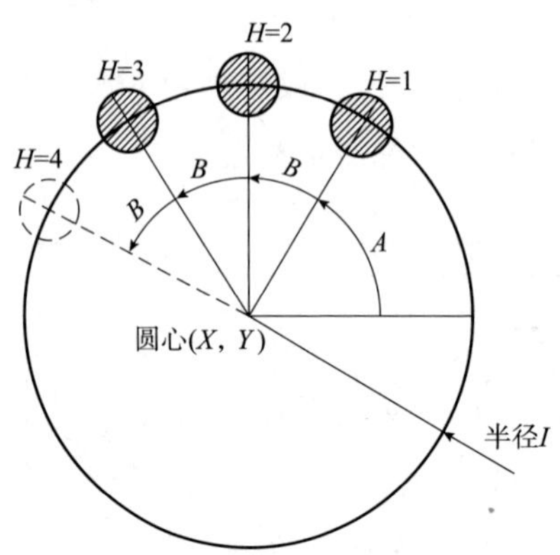

图 5－10 宏程序编制实例

```
O0002;主程序
G90 G92 X0 Y0 Z100.0;
G65 P9100 X100.0 Y50.0 R30.0 Z-50.0 F500 I100 A0 B45 H5;
M30;
O9100;宏程序
#3=#4003;读取模态信息(G90、G91)
IF[#3 EQ 90]GOTO 1;在 G90 方式下转移到 N1
#24=#5001+#24;计算圆心 X 坐标
#25=#5002+#25;计算圆心 Y 坐标
```

```
N1 WHILE[＃11 GT 0]DO 1;
＃5 = ＃24 + ＃4 * COS[＃1]; 计算位孔中心 X 坐标
＃6 = ＃24 + ＃4 * SIN[＃1]; 计算位孔中心 Y 坐标
G90 X＃5 Y＃6;
G81 Z＃26 R＃18 F＃9; 钻孔循环
＃1 = ＃1 + ＃2; 更新角度
＃11 = ＃11 - 1; 孔数减 1
END 1;
G＃03 G80; 返回原始状态代码
M99;
```

其中，X 为圆心 X 坐标，绝对值或增量值指定(＃24)；Y 为圆心 Y 坐标，绝对值或增量值指定(＃25)；Z 为孔深(＃26)；R 为快速趋近点坐标(＃18)；F 为切削进给速度(＃9)；I 为圆半径(＃4)；A 为第一孔的角度(＃1)；B 为增量角指定，负值时为顺时针(＃2)；H 为孔数(＃11)。

②模态调用

模态调用格式为：

```
G66 P_L_《自变量表》;
```

其中字母含义同 G65。模态调用可多次调用，每次调用 L 次，不仅在 G66 所在程序段中调用，也在后续程序中调用，直到出现 G67 指令为止。

对图 5.9 所示的零件，用 G66 调用宏程序完成加工的程序如下：

```
O1000; 主程序
G54 G90 G00 G17 G40;
Z50 M03 M07 S1000;
X - 150.0 Y - 50.0;
G66 P9012;
G0X  - 150 Y50;
X0 Y50;
X0 Y - 50;
X150 Y - 50;
X150 Y50;
G67;
G0 Z100;
M30;
%9012; 宏程序
```

```
#1 = # 5001；读取当前孔中心坐标
#2 = #5002；
G90 G0 X[#1 + 24]Y#2；
Z5；
G01 Z - 22 F100；
G03 I - 24；
G0 Z - 10；
G01 X[#1 + 34]；
G03 I - 34；
G0 Z5；
M99；
```

5.5 加工中心编程方法与实例

(1)加工中心简介

加工中心是目前世界上产量最高、应用最广泛的数控机床之一。它带有刀库和换刀装置，能进行铣、钻、攻螺纹等多种工序的加工。由于加工中心能集中地、自动地完成多种工序，避免了人为的操作误差，减少了工件装夹、测量和机床的调整时间及工件周转、搬运和存放时间，大大提高了加工效率和加工精度，所以具有良好的经济效益。

加工中心按主轴在空间的位置可分为立式加工中心、卧式加工中心、立卧两用加工中心。立式加工中心主轴轴线(Z 轴)是垂直的，适合于加工盖板类零件及各种模具；卧式加工中心主轴轴线(Z 轴)是水平的，主要用于箱体类零件的加工；立卧两用加工中心主轴轴线可以垂直、也可以水平，也就是说两者间可以转换，所以在一次装夹后可以加工更多的面。根据加工中心主轴数的不同，加工中心可以分为单主轴、双主轴或多主轴；工作台形式可以为单工作台托盘交换系统、双工作台托盘交换系统或多工作台托盘交换系统；刀库形式可以有回转式、链式、直线式、箱式等。加工中心根据数控系统控制功能的不同可以分为三轴联动、四坐标三轴联动、四轴联动、五轴联动等。同时可控轴数越多，则加工中心的加工和适用能力越强、所能加工的零件越复杂。

(2)加工中心编程中的工艺处理

由于加工中心带有刀库并能自动更换刀具，能对工件各加工面自动地进行钻孔、锪孔、铰孔、镗孔、攻螺纹、铣削等多工序加工，所以数控加工程序编制中，加工工序确定、刀具选择、加工路线安排以及加工程序编制等，都比普通数控机床要复杂一些。加工中心编程的工艺处理要考虑以下几点：

①加工内容选择

通常选择尺寸精度、位置精度要求较高的表面，不便于用普通机床加工的复杂曲线和曲面，一次装夹后能够集中加工的表面在加工中心上加工。

②工艺路线制定

在加工中心上加工的零件，加工工序多、刀具种类多，甚至在一次装夹下，要完成粗加工、半精加工与精加工，因此要周密安排各工序顺序，这样有利于提高加工精度和生产效率。除遵循“基准先行”“先粗后精”“先主后次”及“先面后孔”一般工艺路线安排原则外，还应考虑减少换刀次数、节省辅助时间、减少刀具空行程、缩短走刀路线。安排加工顺序时可参照粗铣大平面—粗镗孔、半精镗孔—立铣刀加工—加工中心孔—钻孔—攻螺纹—平面和孔精加工(精铣、铰、镗等)的加工顺序进行。

③刀具预调

为提高机床利用率，尽量采用机外对刀仪进行刀具预调，并将预调尺寸于程序运行前及时输入到数控系统中，以实现刀具补偿。

(3)加工中心编程特点

①当零件加工工序较多时，为了便于程序的调试，一般将各工序内容分别安排到不同的子程序中，主程序主要完成换刀程序及子程序的调用。这种安排便于按每一工序独立地调试程序，也便于因加工顺序不合理而重新调整。

②自动换刀要留出足够的换刀空间，以避免换刀时与零件发生碰撞。在换刀前要取消刀具补偿，并使主轴定向定位。

③由于加工中心能实现多工序加工，因此可根据零件特征及加工内容设定多个工件坐标系，在编程时合理选用相应的坐标系，达到简化编程的目的。

④在编制加工中心程序时，要充分利用固定循环功能，达到简化程序的目的。

(4)加工中心编程指令

①孔加工固定循环指令

加工中心编程中，经常用到的孔加工固定循环指令有9个，分别为G81～G89，可以实现钻孔、镗孔、攻螺纹等加工，固定循环的撤销由指令G80完成，如表5-3所示。

表5-3 固定循环指令

G代码(含义)	孔加工动作	孔底动作	返回动作	程序段格式
G81(钻孔、中心孔)	切削进给	—	快速	G81 X_Y_Z_R_F_
G82(钻孔、锪孔)	切削进给	暂停	快速	G82X_Y_Z_R_P_E_
G83(深孔钻)	间隙进给	—	快速	G83X_Y_Z_R_O_F_
G84(攻螺纹)	切削进给	暂停—主轴反转	切削进给	G84 X_Y_Z_R_F_
G85(镗孔)	切削进给	—	切削进给	G85 X_Y_Z_R_F_
G86(镗孔)	切削进给	主轴停止	快速	G86 X_Y_Z_R_F_
G87(反镗孔)	切削进给	主轴正转	快速	097X_Y_Z_R_O_F_
G88(镗孔)	切削进给	暂停—主轴停止	手动操作	G88X_Y_Z_R_P_F_
G89(镗孔)	切削进给	暂停	切削进给	G89 X_Y_Z_R_P_R_

孔加工固定循环指令由以下 6 个动作组成，如图 5-11 所示。

a. X 和 Y 轴定位。

b. 快速运行到 R 点。

c. 孔加工。

d. 在孔底的动作，包括暂停、主轴反转等。

e. 返回到 R 点。

f. 快速退回到初始点。

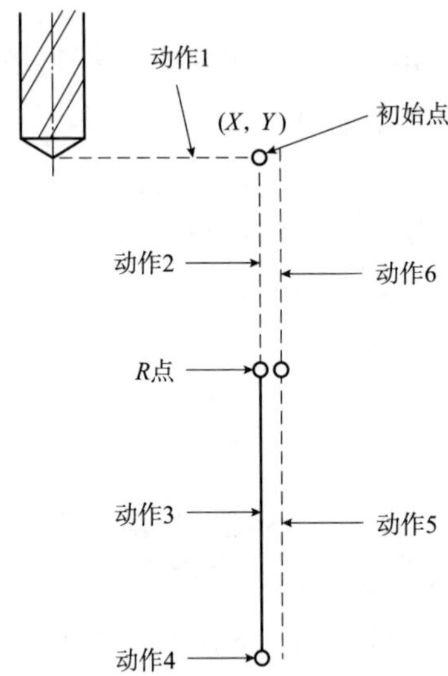

图 5-11　孔加工固定循环的动作

孔加工固定循环程序段的一般格式为：

```
G90/G91  G98/G99  G81～G89 X _Y_Z_R_Q_P_E_L_;
```

其中，G90/G91 为绝对坐标编程和增量坐标编程指令；G98/G99 为返回点平面指令，G98 为返回到初始平面指令，G99 为返回到 R 点平面指令，G80～G89 为孔加工指令，详细图解如图 5-12 所示。X、Y 为孔位置坐标，Z 为孔底坐标，按 G90 编程时，编入绝对坐标值，按 G91 编程时，编入增量坐标值；R 为快速进给终点平面，按 G90 编程时，编入绝对坐标值，按 G91 编程时，编入相对于初始点的增量坐标值；Q 为深孔钻时每一次的加工深度；P 为孔底暂停的时间；F 为进给速度；L 为循环次数。

反镗孔指令 G87 在执行过程中，X 轴和 Y 轴定位后，主轴定向停止，刀具按刀尖相反方向偏移 q，并快速定位到孔底 R 点，接着刀具按 q 值返回，主轴正转。沿 Z 轴向上加工到 Z 点，在这个位置主轴再次定向停止后，刀具再次按原偏移量反向移动，然后主轴快速移动到初始平面，并按原偏移量返回正转，继续执行下一个程序段。采用这种循环方式时，只能让刀具返回到初始平面而不能返回到 R 点平面，因为 R 点平面低于 Z 点平面。

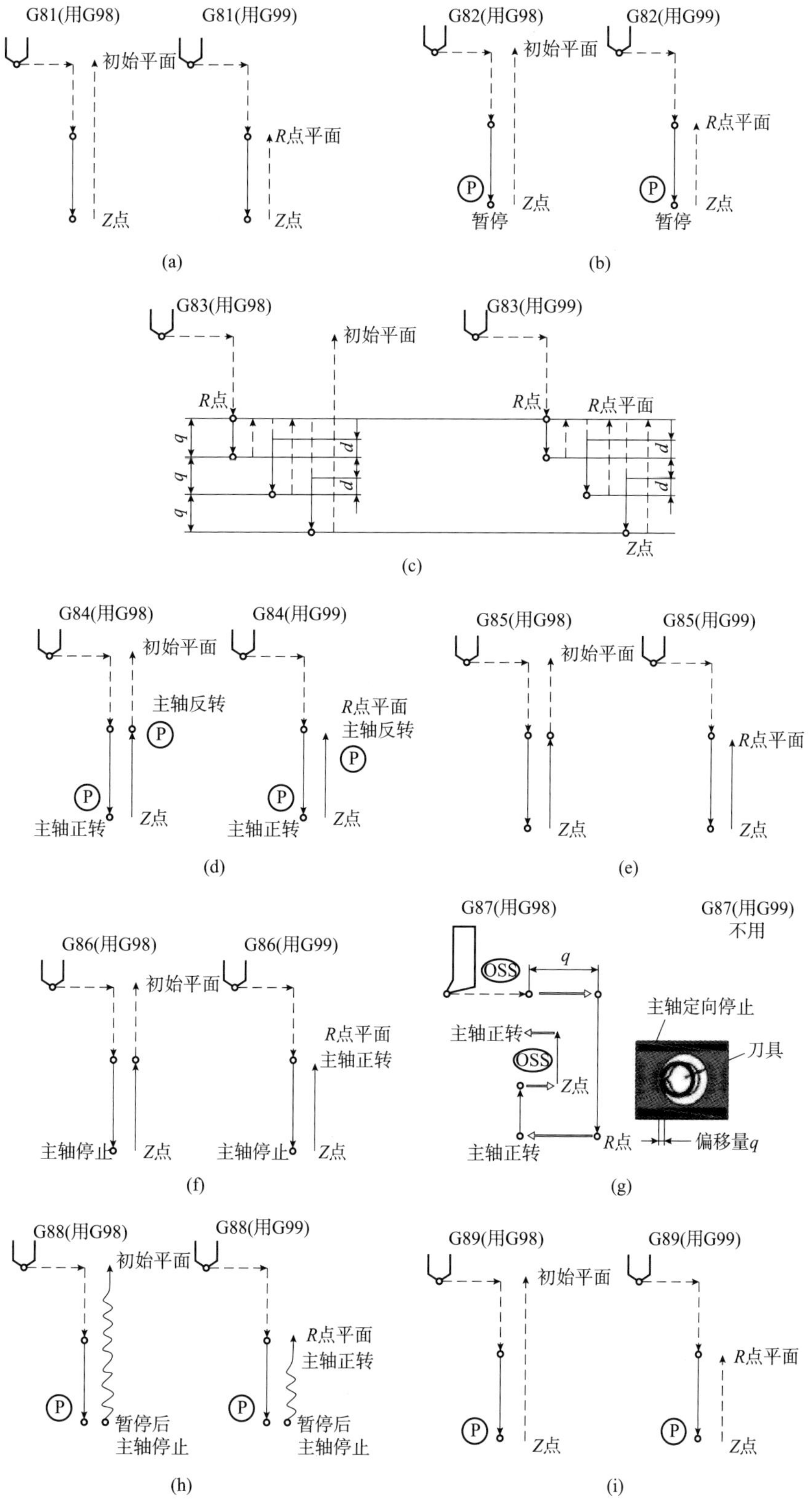

G81(用G98) G81(用G99)
初始平面 R点平面 Z点 Z点

(a)

G82(用G98) G82(用G99)
初始平面 R点平面 P 暂停 Z点 P 暂停 Z点

(b)

G83(用G98) G83(用G99)
初始平面 R点 R点 R点平面 q q q d d d d Z点

(c)

G84(用G98) G84(用G99)
初始平面 主轴反转 P R点平面 主轴反转 P P 主轴正转 Z点 P 主轴正转 Z点

(d)

G85(用G98) G85(用G99)
初始平面 R点平面 Z点 Z点

(e)

G86(用G98) G86(用G99)
初始平面 R点平面 主轴正转 主轴停止 Z点 主轴停止 Z点

(f)

G87(用G98) G87(用G99) 不用
OSS q 主轴定向停止 主轴正转 OSS Z点 刀具 主轴正转 R点 偏移量q

(g)

G88(用G98) G88(用G99)
初始平面 R点平面 主轴正转 P 暂停后 主轴停止 P 暂停后 主轴停止

(h)

G89(用G98) G89(用G99)
初始平面 R点平面 P Z点 P Z点

(i)

图 5－12 G81～G89 指令图解

深孔钻指令 G83 的执行过程如图 5－12(c)所示。X 轴和 Y 轴定位后，刀具进给至一定深度(q 值)后返回至 R 点，再快进至离前一次加工面 d 处，进行第二次进给，以此循环直至钻完待加工孔后快速返回。

②选刀与换刀指令

不同的加工中心，其换刀程序会有所区别，通常选刀与换刀分开进行。换刀动作必须在主轴停转条件下进行，换刀完毕启动主轴后，方可进行下面程序段的加工。因此，“换刀”动作指令必须编在用“新”刀加工的程序段的前面。而选刀操作可与机床加工重合起来，即在切削加工的同时进行选刀，选刀程序可放在换刀前的任一个程序段。

多数加工中心都规定了换刀点位置，并可通过指令 M06 让刀具快速移动到换刀点后执行换刀动作。

选刀和换刀程序段格式为：

```
N10 T02；选 T02 号刀
N60 M06；主轴换上 T02 号刀
```

③参考点返回指令 G28

参考点是机床上的固定点，可以通过手动方式或指令方式使刀具移动到参考点。一般来说，数控机床接通电源后，先手动返回参考点。在加工过程中则根据编在程序中的 G28 程序段自动返回到参考点。自动返回参考点指令的程序段格式为：

```
G28 X _ Y _ Z _ ；
```

其中，X、Y、Z 为返回参考点时经过的中间点坐标。G28 指令使各轴快速定位到指定的中间点，然后再快速运动到参考点位置。

④子程序调用与执行

加工中心编程时，为了简化程序编制，使程序易读、易调试，常采用子程序技术。

FANUC 系统子程序格式为：

```
OX XXX；子程序号
…
M99；子程序返回
```

调用子程序的程序段为：

```
M98  PXXXXLXXXX；
```

其中，P 后四位数字为子程序号；L 后四位数字为重复调用次数。

(5)加工中心编程实例(FANUC 系统)

例 5－5 编制如图 5－13 所示零件的数控加工程序，毛坯尺寸为 80mm×80mm×20mm，6 个面已经加工到尺寸，零件材料为 LY12。

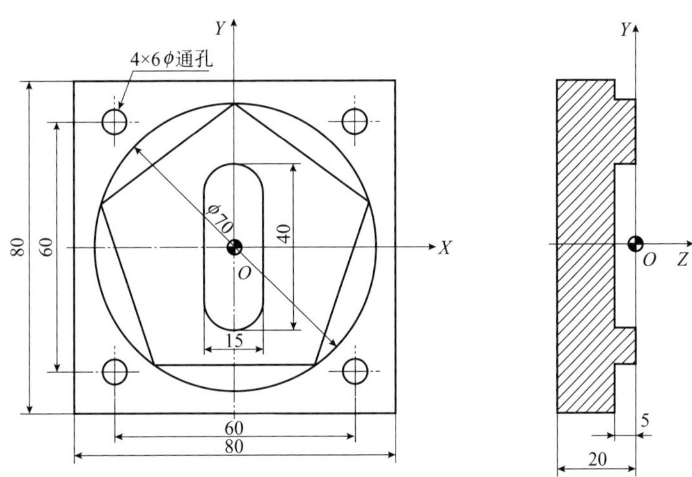

图 5－13 加工中心编程示例

零件的加工内容主要为铣削和钻削加工。由于零件的六个面都已经加工，所以应以工件底面、侧面定位，采用平口钳装夹，零件表面应高出钳口约 8mm，零件底面的定位垫块应避开零件的孔位。采用的工艺路线如下：先用 φ20 立铣刀加工五边形凸台；再用 φ10 的键槽铣刀加工 15mm×40mm 的键槽；然后用 φ2 的中心钻 4 个孔，用 φ6 的钻头钻削。工件坐标系原点设在工件上表面的中心。

加工程序如下：

```
O6000；
N10 G00 G17 G40 G49 G90；程序初始化
N15 G28 G91 Z0.0；Z 轴回零
N20 T1 M06；换 1 号刀(φ20 立铣刀)
N25 G00 G90 G54 x55.0 Y－35.0 S600 M03；建立加工坐标系，刀具旋转
N30 G43 Z20.0 H01 建立刀具长度补偿
N35 G01 Z5.0 F300 M08；
N40 Z－5.0 F50；下刀到深度
N45 G41 36.0 Y－28.27 D01 F100；建立刀具半径左补偿，加工五边形凸台
N50 X－33.23；
N55 Y35.0；
N60 X33.23；
N65 Y－30.0；
N70 G40 X35.0 Y－55.0；
N75 25.0 F500；
N80 X55.0 Y－35.0；
```

```
N85 Z-5.0 F100;
N90 G41 X25.0 Y-28.32 D01;
N95 X-20.57;
N100  -33.29 Y10.82;
N105 X0.0 Y35.0;
N110 X33.29 Y10.82;
N115 X20.57 Y-28.32;
N120 G40 X25.0 Y-45.0; 取消刀具半径补偿
N125 Z20.0 F2000; 退刀
N130 G00 G49 200.0 H0 M9; 取消刀具长度补偿
N135 G28 G91 Z0.0 M5;
N140 T02 M06; 换 2 号刀(φ10 键槽铣刀)
N145 G00 G90 X-1.0 Y5.0 S500 M3;
N150 G43 Z20.0 H02;
N155 G01 Z5.0 F500 M8;
N160 Z-5.0 F80;
N165 G42 X7.5 Y0.0 D2 F100; 建立刀具半径右补偿, 开始加工键槽
N170 Y-12.5;
N175 G02 X-7.5 Y-12.5 R7.5;
N180 G01 Y12.5;
N185 G02 X7.5 Y12.5 R7.5;
N190 G01 Y-2.0;
N195 G40 X-1.0 Y-5.0; 取消半径补偿
N200 Z20.0 F500;
N205 GO G49 Z200.0 H0 M9;
N210 G28 G91 Z0.0 M5;
N215 T03 M06; 换 3 号刀(φ2 中心钻)
N220 G00 G90 X-30.0 Y-30.0 S1200 M3;
N225 G43 Z20.0 H03;
N230 G01 Z2.0 F500 M8;
N235 G98 G81 Z-8.0 R-4.0 F100; 固定循环, 钻 4 个中心孔
N240 X30.0;
N245 Y30.0;
N250 X-30.0;
N255 G80; 取消固定循环
```

```
N260 GO G49 Z200.0 H0 M9;
N265 G28 G91 Z0 M5;
N270 T04 M06; 换 4 号刀(φ6 钻头)
N275 G00 G90 X-30.0 Y-30.0 S800 M3
N280 G43 Z20.0 H04;
N285 G01 Z2.0 F500 M8;
N290 G98 G83 Z-22.0 R-4.0 Q3.0 F150; 深孔钻固定循环，钻 4 个 φ6 孔
N295 X30.0;
N300 30.0;
N305 X-30.0;
N310 G80; 取消固定循环
N315 GO G49 Z200.0 H0 M9;
N320 G28 G91 Z0 M5;
N325 G28 X0 Y0;
N330 M30; 程序结束
```

例 5-6　用卧式加工中心加工如 5-14 所示的端盖（*B* 面及各孔），试编制加工程序。根据图纸要求，选择 *A* 面为定位基准，用弯板装夹。加工路线如下：

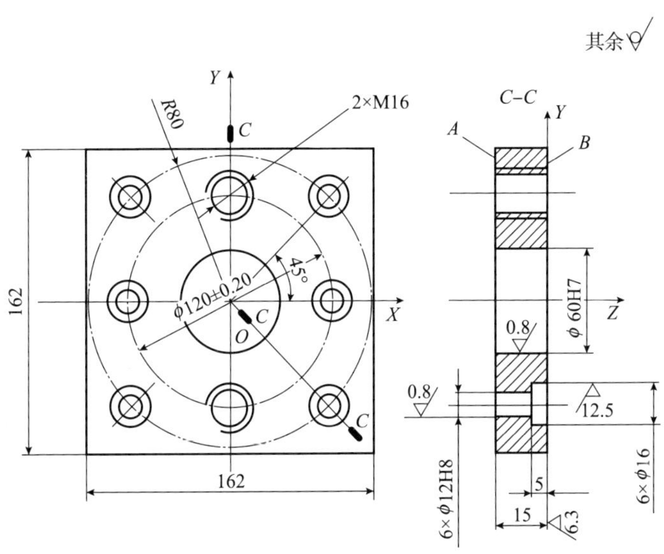

图 5-14　加工中心编程示例

粗铣和精铣 *B* 面（选用 φ100mm 端铣刀 T01、T13）；粗镗、半精镗和精镗 φ60H7 孔分别至 φ58、φ59.95、φ60H7（选用刀 T02、TO3、T04）；钻、扩、铰 φ12H8 孔（φ3mm 中心钻 T05、φ10mm 钻头 T06、φ11.85mm 扩孔钻 T07、φ12H8 铰刀 T09）；锪 φ16 孔（锪孔钻 T12）；M16 螺纹钻孔、攻丝（φ14mm 钻头 T10、M16 机用丝锥 T11）。工件坐标系原点选

在 ϕ60H7 孔中心上，Z 方向零点选在加工表面上，快速进给终点平面选在距离工件表面 2mm 处平面。对刀点选在中心孔上方 50mm 处。

加工程序如下：

```
O0001;
N10 G00 G17 G40 G49 G90；程序初始化
N20 G28 G91 Z0.0；Z 轴回零
N30 T01 M06；换 T01 号刀具
N40 G00 G90 G54 X－135.0 Y45.0 S800 M03；建立加工坐标系，刀具旋转
N50 G43 Z10.0 H01；建立刀具长度补偿
N60 G01 Z0.1 F100 M08;
N70 G01 X75.0 F70；粗铣 B 面
N80 Y－45.0;
N90 X－135.0;
N100 G00 G49 Z10.0 M09；取消刀具长度补偿
N110 G28 G91 Z0.0 M5;
N120 T13 M06；换 T13 号刀具
N130 G00 G90 －135.0 Y45.0 S500 M03;
N140 G43 Z0 H13;
N150 G01 X75.0 F50 M08；精铣 B 面
N160 Y－45.0;
N170 X－135.0;
N180 G00 G49 Z10.0 M09；取消刀具长度补偿
N190 G28 G91 Z0.0 M5;
N200 T02 M06；换 T02 号刀具
N210 G00 G90 X0.0 Y0.0 S400 M03;
N215 G43 Z4.0 H02 M08;
N220 G98 G85 Z－17.0 R2.0 F40；粗 φ60H7 孔
N225 G80;
N230 G00 G49 Z10.0 M09;
N240 G28 G91 Z0.0 M5;
N250 T03 M06；换 T03 号刀具
N260 G00 G90 X0.0 Y0.0 S450 M03;
N265 G43 Z4.0 H03 M08;
N270 G98 G85 Z－17.0 R2.0 F50；半精 φ60H7 孔
```

```
N275 G80;
N280 G00 G49 Z10.0 M09;
N285 G28 G91 Z0.0 M5;
N290 T04 M06; 换 T04 号刀具
N300 G00 G90 X0.0 Y0.0 S450 M03;
N310 G43 Z2.0 H04 M08;
N320 G98 G85 Z-17.0 R1.0 F40; 精 φ60H7 循环
N325 G80;
N330 G00 G49 Z10.0 M09;
N335 G28 G91 Z0.0 M5;
N340 T05 M06; 换 T05 号刀具
N350 G00 G90 X60 Y0.0 S1000 M03;
N360 G43 Z4.0 H05 M08;
N370 G98 G81 Z-5.0 R2.0 F50; 固定循环，钻中心孔
N380 M98 P0005; 子程序调用
N385 G80;
N390 G00 G49 Z10.0 M09;
N395 G28 G91 Z0.0 M5;
N410 T06 M06; 换 T06 号刀具
N420 G00 G90 X60 Y0.0 S600 M03;
N430 G43 Z4.0 H06 M08;
N440 G99 G81 Z-17.0 R2.0 F60; 钻孔固定循环
N450 M98 P0005; 子程序调用
N455 G80;
N460 G00 G49 Z10.0 M09;
N465 G28 G91 Z0.0 M5;
N470 T07 M06; 换 T07 号刀具
N480 G00 G90 X60 Y0.0 S300 M03;
N490 G43 Z4.0 H07 M08;
N500 G99 G82 Z-5.0 R2.0 P2000 F40; 扩孔固定循环
N510 M98 P0005; 子程序调用
N515 G80;
N520 G49 G00 Z10.0 M09;
N530 G28 G91 Z0.0 M5;
N540 T09 M06; 换 T09 号刀具
```

```
N550 G00 G90 X60 Y0.0 S500 M03;
N560 G43 Z4.0 H09 M08;
N570 G99 G81 Z-17.0 R2.0 F40; 铰孔固定循环
N580 M98 P0005; 子程序调用
N585 G80;
N590 G49 G00 Z10.0 M09;
N591 G28 G91 Z0.0 M5;
…
N600 T10 M06; 换 T10 号刀具
N610 G00 G90 X0 Y60 S500 M03;
N620 G43 Z4.0 H10 M08;
N630 G99 G81 Z-17.0 R2.0 F40; 钻孔固定循环
N640 X0 Y-60.0;
N645 G80;
N650 G49 G00 Z10.0 M09;
N655 G28 G91 Z0.0 M5;
N660 T11 M06; 换 T11 号刀具
N670 G00 G90 X0 Y60 S500 M03;
N680 G43 Z4.0 H11 M08;
N690 G99 G84 Z-17.0 R2.0 F200; 攻螺纹固定循环
N700 X0 Y-60.0;
N705 G80;
N710 G00 G49 Z10.0 M09;
N715 G28 G91 Z0.0 M5;
N720 G28 X0 Y0;
N730 M30;
O0005; 子程序
N10 X56.57 Y56.57;
N20 X-56.57;
N30 X-60.0 Y0;
N40 X-56.57 Y-56.57;
N50 X56.57;
N50 M99;
```

5.6 自动编程

5.6.1 自动编程的概念

自动编程是相对手工编程而言的，准确地说应该是计算机辅助编程，其是CAM(Computer Aided Manufacturing)的重要组成部分之一，是借助计算机及相关的专用软件辅助完成数控程序的编制过程。自动编程时，编程人员只需输入加工零件的几何信息及工艺参数与加工要求，由计算机自动地进行数值计算及后置处理，自动地生成所需的加工程序。自动编程使得一些计算繁琐、手工编程困难甚至无法编写的程序能够顺利地完成。

手工编程是学习自动编程的基础，自动编程是实际生产数控编程的主流与趋势，两者相辅相成。

伴随着数控机床的出现，自动编程技术引起了人们的重视。1952年，美国麻省理工学院研制出第一台数控机床时，为了充分发挥数控机床的加工能力，就着手进行自动编程技术的研究，并于1955年公布了其研究成果——APT(Automatically Programmed Tools)自动编程系统，奠定了APT语言自动编程的基础。随着计算机技术的发展，基于数控语言进行编程的APT系统由于其直观性差、编程过程复杂等原因逐渐被现代的基于图形交互式的CAD/CAM一体化的编程软件所替代。

5.6.2 自动编程的特点与发展

与手工编程相比，自动编程具有以下特点：

①编程效率高。借助自动编程技术，一个编程人员可以负责多台数控机床的加工编程。

②程序准确度高，差错少。自动编程时，编程人员将主要精力用于加工参数的设置，确保了加工程序的质量。

③大大降低了编程人员的劳动强度。自动编程软件一般具有图形模拟功能，并通过后置处理程序自动地生成加工程序。

④自动编程的程序一般由基本指令构成，程序过于冗长，但这一特征又表现为程序的通用性较好。

⑤自动编程软件一般不能输出准确的具有固定循环指令的程序。

自动编程的应用主要集中在以下几种场合：

①零件形状复杂，特别是三维空间曲线和曲面的零件编程。

②虽然零件形状不复杂，但编程工作量大的零件，如有大量孔的零件。

③虽然零件形状不复杂，但计算工作量大的零件，如不规则曲线或曲面。

5.6.3 数控加工自动编程常用软件简介

数控加工自动编程技术经过不断的发展与完善，已先后出现了许多能够在PC上运行的编程软件。当前，国内外市场较为主流的商品化软件有以下几个：

(1)Siemens NX，其前身是 UG NX(Unigraphics NX)，起源于美国麦道公司，后并入 EDS 公司，该公司旗下的 CAD/CAM 软件还有 I－DEAS 和 SolidEdge，该公司于 2007 年被西门子公司收购，成为 Siemens PLM Software(西门子产品生命周期管理软件)的一部分。Siemens NX 软件功能强大，属于 CAD/CAE/CAM 集成软件，支持 3～5 轴的数控加工和高速加工，在大型软件中综合能力处于强势。

(2)CATIA，是达索(Dassault System)公司旗下的 CAD/CAE/CAM 一体化软件。达索公司成立于 1981 年，CATIA 是英文 Computer Aided Tri－Dimensional Interface Application 的缩写，支持 3～5 轴的数控加工和高速加工，其集成解决方案覆盖所有的产品设计与制造领域，其曲面设计功能强大，在航空航天工业得到广泛使用。

(3)Mastercam，是美国 CNC Software Inc. 公司开发的基于 PC 平台的 CAD/CAM 软件。其价位适中，广泛应用于中小企业，是经济有效的全方位 CAD/CAM 系统，在国内有较多的用户。

(4)PowerMILL，是英国 Delcam Plc 公司出品的专业 CAM 软件，其加工策略丰富，功能强大，支持 3～5 轴的数控铣削加工和高速加工；能快速产生粗、精加工路径，并且任何方案的修改和重新计算几乎在瞬间完成，大大缩短了刀具路径的计算时间；具有 2～5 轴的包括刀柄、刀夹进行完整的干涉检查与排除功能；具有集成一体的加工实体仿真，方便用户在加工前了解整个加工过程及加工结果，节省加工时间。

(5)HyperMILL，是德国 OPENMIND 公司开发的一款集成化 NC 编程 CAM 软件，完全整合在 hyperCAD 和 SolidWorks 中，提供了完整的集成化 CAD/CAM 解决方案。该软件出现的时间虽然不长，但其高起点的 5 轴联动优势以及 2.5～5 轴的全系列模块等，较好地适应了现代数控加工技术的发展趋势，逐渐得到了用户的青睐。

(6)Cimatron，是以色列 Cimatron 公司开发的面向制造业的 CAD/CAM 软件，其 CAM 模块支持 2.5～5 轴铣削加工和高速加工，在模具制造等行业广泛应用。

(7)CAXA 数控类软件，北京数码大方科技有限公司(即 CAXA)是中国领先的 CAD 和 PLM 供应商，是我国制造业信息化的优秀代表和知名品牌，拥有完全自主知识产权的系列化 CAD、CAPP、CAM、DNC、EDM、PDM、MES、MPM 等 PLM 软件产品和解决方案。其有适合于数控铣削加工编程的“CAXA 制造工程师”，适合于数控车削加工编程的“CAXA 数控车”和适合于线切割加工编程的“CAXA 线切割”等数控加工编程软件，在国内数控加工领域有一定的应用市场。

5.6.4 数控加工自动编程的一般操作流程

各种编程软件的编程步骤基本相同，大致可分为三大步骤，即几何造型(CAD)、加工设计(CAM)和后置处理(获得 NC 代码)，图 5－15 所示为 Mastercam 软件的编程流程，其中对 CAM 部分进行了适当的展开。

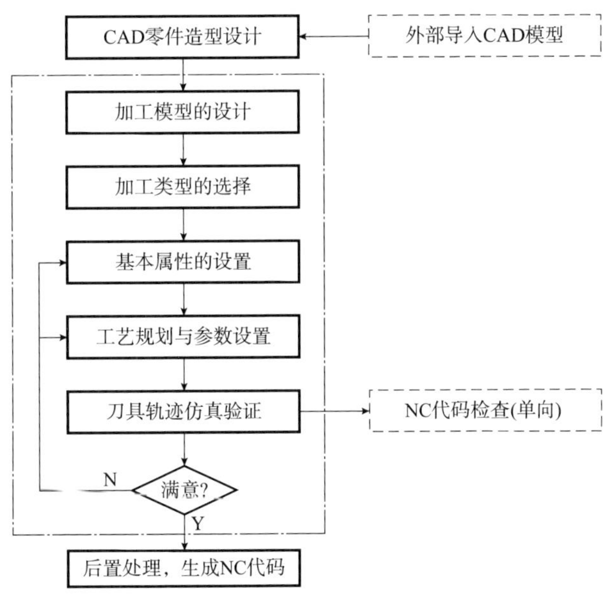

图 5-15　Mastercam 自动编程流程

①CAD 零件造型设计。这步可获得加工零件的几何参数，又称几何模型。几何模型可以在 Mastercam 软件的设计模块中获得，也可导入其他 CAD 软件造型的文件格式，如二维图形可用 AutoCAD 文件，三维模型常用通用的 IGES 或 STEP 格式文件等。

②CAM 设计。CAM 设计包括加工模型的设计、加工类型的选择、基本属性的设置、工艺规划与加工参数的设置、刀具轨迹的仿真与验证等。

Mastercam 软件的铣、车、线切割和雕刻等加工模块是分开的，CAM 设计必须选择相应的加工类型，具体可在“机床类型”下拉菜单中选择。

进入加工环境后，就可以进行基本属性的设置，包括工具(刀具)设置、材料毛坯设置、安全区域设置等，有些内容(如刀具设置)可以在后续的参数中再设置。

工艺规划设计包括加工工序的设置，如二维加工(如外形铣削、钻孔、挖槽、面铣、二维雕刻等)，三维加工(如曲面粗加工、曲面精加工等)，另外还有其他的加工方法(如全圆铣削、螺旋铣削、键槽铣削、螺旋钻孔、刀具路径转换等)。对于每一个具体的工序还要设置切削用量、加工路径、参考点等。

设计好的工艺规划可以图形化的形式静态或动态显示与仿真，并可进行加工验证仿真。在观察和仿真的过程中，对于不满意的设置，可以随时返回前面的参数设置进行编辑和修改。

在仿真的同时，还可以单独将某一道工序的加工代码输出进行观察。

仿真验证满意后，即可转入后置处理阶段。

③后置处理。后置处理的目的就是将图形化确定的工艺规划、设置的参数等生成数控机床可以接受的加工程序——NC 代码。

由于不同数控系统的加工代码略有差异，而且不同人在编程和操作机床时也有差异，因此很难用一个后置处理程序来满足这种差异化的需求，故编程人员还需对自动生成的数控程序进行必要的修改，特别是对程序头及程序尾部分的指令进行检查、修改和调整。

思考与练习

5-1 数控铣床的基本功能有哪些？

5-2 数控铣削的编程原理是什么？

5-3 数控铣削的基本指令有哪些？

5-4 数控车床编程有哪些特点？试举例说明刀具半径补偿功能的应用。

5-5 数控铣削适用于哪些加工场合？应如何选择数控铣削刀具？

5-6 分析 G92 与 G54～G59 指令的区别。

5-7 什么是加工中心？加工中心可分为哪几类？其主要特点有哪些？加工中心的编程与数控铣床的编程主要有何区别？

5-8 什么是宏程序？其功能是什么？

5-9 宏程序的调用方式和格式是什么？

5-10 自动编程的概念和特点是什么？

5-11 数控加工自动编程的一般操作流程有哪些？

5-12 试编制如图 5-16 所示零件的外轮廓加工的数控铣削加工程序。

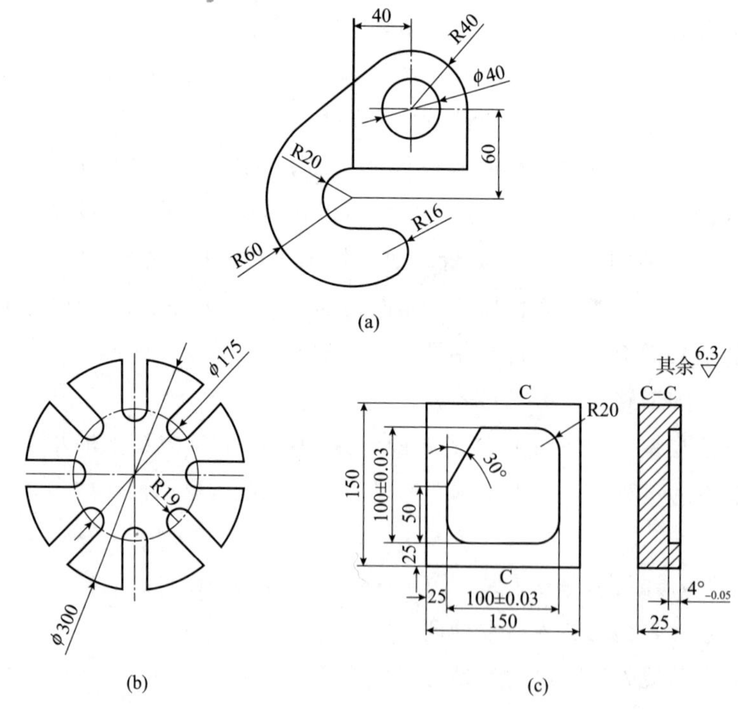

图 5-16

5-13 采用宏程序编程方法编制如图 5-17 所示的孔加工程序，程序零点设在分布圆的中心。

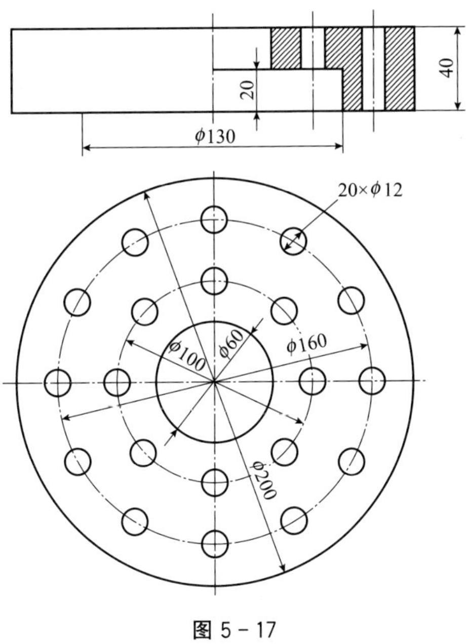

图 5-17

第6章 智能制造中的数控技术

6.1 智能制造概述

6.1.1 智能制造的起源与发展

20世纪50年代诞生的数控技术，以及随后诞生的机器人技术、柔性制造技术、计算机集成制造技术、CAD/CAPP/CAM技术和现代生产管理技术等，是制造企业为了适应社会对产品需求从大批量产品转向多品种、小批量甚至单件产品的市场变化而产生的新型制造技术。此时，信息和数据成为制造技术发展的重要驱动力之一，推动了数字制造技术的发展。20世纪80年代，将人工智能技术引入制造领域，导致一种新型的制造模式——智能制造(IM)的诞生。从20世纪中叶到90年代中期，以计算、感知、通信和控制为主要特征的信息化催生了数字化制造；从90年代中期开始，以互联网为主要特征的信息化催生了“互联网＋制造”；当前，以现代人工智能为主要特征的信息化开创了新一代智能制造的新阶段，新一代人工智能技术与先进制造技术的深度融合，形成了新一代智能制造技术。这就形成了智能制造的三种基本范式，即：数字化制造；数字化网络化制造——“互联网＋制造”或第二代智能制造，本质上是“互联网＋数字化制造”；数字化网络化智能化制造(Intelligent Manufacturing)——新一代智能制造，本质上是“智能＋互联网＋数字化制造”。

6.1.2 智能制造关键技术

智能制造技术是现代制造技术、人工智能技术与计算机科学技术发展的必然结果，也是三者结合的产物。人工智能技术和计算机科学技术是推动智能制造技术形成与发展的重要因素。

计算机科学技术从问世以后，迅速在制造业中得到广泛的应用，在软件方面，有计算机辅助设计(CAD)、计算机辅助工艺设计(CAPP)、计算机辅助制造(CAM)、管理信息系统(MIS)、制造资源计划(MRPⅡ)、数据库等大量计算机辅助软件产品。在硬件方面有计算机数控机床、工业机器人、三坐标测量仪和大量的由计算机或可编程控制器进行控制的高度自动化设备。上述软、硬件和计算机网络技术的发展，为柔性制造系统、计算机集成制造系统乃至智能制造系统等先进制造系统提供了基本的技术支撑。

传感与控制技术的发展与普及，为大量获取制造数据和信息提供了方便快捷的技术手段，新型光机电传感技术、MEMS技术、可编程门阵列和嵌入式控制系统技术智能仪表/变送器调节器/调节阀技术、集散控制技术、RDID技术、大数据融合技术等，极大提高了对制造数据与信息的获取、处理及应用能力，加强了信息在离散/连续制造技术中的核心作用。

工业互联网技术、物联网技术、物联网技术5G技术的发展及其与智能制造技术的融合，产生了制造业大数据，促进了分布智能制造技术的发展，扩展了智能制造的研究领域。分布能控制/集散智能控制理论推动了离散与连续制造技术的进步。网络技术彻底打破了地域界限，制造企业从此拥有了广阔的全球市场、丰富多样的客户群、数量庞大的合作资源，以及产品和过程的制造业大数据。快速组织个性化产品设计、生产、销售和服务，实现合作企业间的共享、共创、共赢等制造业发展的新需求，既为分布智能制造技术提出了更高要求，也为其提供了广阔的发展空间。

数学作为科学技术的共性基础，直接推动了制造活动从经验到技术、从技术向科学的发展。近几十年来，数理逻辑与数学机械化理论、随机过程与统计分析、运筹学与决策分析、计算几何、微分几何、非线性系统动力学等数学分支正成为推动智能制造技术发展的动力，并为数字化分析与设计、过程监测与控制、产品加工与装配、故障诊断与质量管理、制造中的几何表示与推理、机器视觉、制造业大数据挖掘和分析等问题的研究提供了基础理论和有效方法。数学不仅为智能制造技术奠定了坚实的理论基础，而且还是智能制造技术不断向前发展的理论源泉。

随着数据经济和知识经济的到来，世界经济在原有资源、设备、资本竞争的基础上又增加了对数据和知识的竞争，数据和知识正逐步成为生产力中最活跃、最重要的因素。数据和知识是一种可持续发展战略资源，对数据和知识的不断获取、传递、积累、融合、更新、发现及应用，既能为企业创造巨大财富，又能增强企业在竞争中的优势地位，支撑企业不断发展壮大。以数据和知识为核心的智能制造正成为制造技术的重要发展方向。

当今，大数据的形成、理论算法的革新、计算能力的提升及网络设施的演进等因素驱动人工智能发展进入新阶段，新一代信息技术同先进制造技术深度融合，智能化已成为技术和产业发展的重要方向。此外，复杂、恶劣、危险、不确定的生产环境、熟练工人的短缺和劳动力成本的上升等因素都亟待智能制造技术的发展和应用。

6.2　智能生产线

生产线是按对象原则组织起来，完成产品工艺过程的一种生产组织形式。随着产品制造精度、质量稳定性和生产柔性化的要求不断提高，制造生产线正在向着自动化、数字化和智能化的方向发展。生产线的自动化是通过机器代替人参与劳动过程来实现的；生产线的数字化主要解决制造数据的精确表达和数字量传递，实现生产过程的精确控制和流程的可追溯；智能化解决机器代替或辅助人类进行生产决策，实现生产过程的预测、自主控制和优化。智能生产线将先进工艺技术、先进管理理念集成融合到生产过程，实现基于知识的工艺和生产过程全面优化、基于模型的产品全过程数字化制造以及基于信息流物流集成的智能化生产管控，以提高车间生产线运行效率、提升产品质量稳定性。

产品制造过程涉及物料、能源、软硬件设备、人员以及相关设计方法、加工工艺、生产调度、系统维护、管理规范等。生产线配备的工艺装备与生产的工艺要求相关，通常有加工设备、测量设备、仓储和物料运送设备，以及各种辅助设备和工具。自动化生产线需配备机床上下料装置、传送装置和储料装置以及相关控制系统。在人工智能技术的支持下，通过提升信息系统与物理制造过程的交互程度，形成智能化生产线系统，实现工艺和生产过程持续优化、信息实时采集和全面监控的柔性化可配置，是制造业未来发展趋势。

6.2.1 智能生产线的架构

与传统生产线相比，智能生产线的特点主要体现在感知、互联和智能三个方面。感知指对生产过程中涉及的产品、工具、设备、人员互联互通，实现数据的整合与交换；智能指在大数据和人工智能的支持下，实现制造全流程的状态预知和优化。建设智能生产线需实现工艺的智能化设计、生产过程的智能化管理、物料的智能化储运、加工设备的智能化监控等。智能生产线由三层架构组成，制造数据准备层实现基于仿真优化和制造反馈的工艺设计和持续优化，主要针对制造过程的工艺、工装和检验等环节进行规划并形成制造执行指令。优化与执行层实现生产线生产管控，包括排产优化、制造过程监控与质量管理以及物料的储运管理。网络与自动化层实现生产线自动化和智能化设备的运行控制、互联互通以及制造信息的感知和采集。基础平台的核心是提供基础数据的一致性管理，各层级系统间数据集成及设备自动化集成。使能技术指支撑智能生产线建设和智能化运行的使能基础技术；工业物联网技术是构建智能生产线网络化运行环境的关键，基于该技术构建的工业物联网实现产品、设备、工具的互联互通，并提供网络化的信息感知和实时运行监控各种不同类型数据的感知和采集，并进行实时的监控；大数据技术用于对制造过程产生的海量制造数据的提取、归纳、分析，形成一套知识发现机制，指导制造工艺和生产过程的持续优化；智能分析技术基于工艺知识、管控规则分析，监控来自工艺、生产和设备层级的问题，进行预测、诊断和优化决策。

6.2.2 智能生产线关键技术

智能制造的核心是信息物理融合(CPS)技术，其中："信息"指算法、3D 模型、仿真模型、工艺指令等能够通过网络访问和收集到的数据和信息；“物理”指在生产系统中的人、自动化模块、物料等物理工具和设施。智能制造的目的就是要为制造系统构建完整的生产与信息地，使得制造系统具有自我学习、自我诊断、自主决策等智能化的行为和能力。实施智能生产线，需要解决生产线规划、工艺优化、生产线智能管控、装备智能化和生产线的智能维护保障等关键技术。

(1)生产线建模仿真技术

生产线作为一种特殊的产品，也有自己的生命周期，包括设计规划、建设、运行维护和报废。其中生产线的设计规划直接关系到后续生产线的运行能效。在生产规划时，应结合产品对象的工艺要求进行相关设备、物流及各种辅助设施的规划建模与模拟运行，对产品生产、每台设备的利用率、生产瓶颈等进行分析评估。生产线建模的细化程度、每道工序的估算、装夹等人力时间的计算以及物料工具的配送方式等都影响仿真评估的结果。

(2)基于仿真计算和制造反馈的工艺设计技术

如航空产品的加工和成形工艺复杂，工艺技术的改进及工艺参数的优化对于产品的制造精度和质量稳定性有决定性作用。在产品试制阶段进行工艺、工装、检验的规划设计时，大量工艺参数和变形补偿基于经验数据和工艺试验确定，造成研制周期长、成本高昂、质量稳定性差等问题。究其原因，一方面，产品制造工艺过程的几何仿真及物理仿真技术还不能满足工程应用；另一方面，没有对制造过程的历史经验数据进行系统分析和提炼，工艺经验数据库和政策规则不成体系、碎片化，不足以支持工艺的智能化设计过程。基于经验知识、仿真计算制造反馈的工艺设计技术，可提高工艺设计的精细化程度，降低人为因素的影响，实现工艺设计过程的规范程度和设计效率，并形成持续改进的工艺优化机制。

(3)生产线的智能化管控技术

智能化生产线的运行具有柔性化、自适应、自决策等特点，生产线的智能化管控包括智能生产、物料工具的自动配送、制造指令的即时推送、制造过程数据的实时采集处理等。智能化生产的决策规则的定义、决策依据的准确实时采集是智能化生产线正常运行的基础；基于生产线资源占用情况、生产计划的执行反馈情况以及生产计划调整而进行的动态化生产调度排产是保证生产线正常运行的前提。对于自动化程度较高的生产线，生产过程中人机的协同如物料的配送、装夹、工序检验等这些可能的人工环节与设备自动化生产环节的协同与集成是保证准时生产的关键，而生产环节的防错及质量保证措施，在线检测的智能化、检测数据的实时准确采集处理等措施可以有效提升生产效率和质量。生产线智能管控系统除了要实现生产线物料、人员、设备、工具的集成运行与信息流、物流的融合，还要实现与车间级信息系统、企业级信息系统的信息交互与集成。

(4)工艺装备的智能化技术

智能装备的特点是将专家的知识和经验融合到生产制造过程中。工艺装备不仅本身需要具备感知决策和精准执行能力，同时工艺装备的智能化集成应用水平也是装备智能化的首要条件。基于感知信息的分析决策是体现装备智能化的关键，而分析决策过程的计算、推理、判断和人工智能技术、专家系统等密不可分；基于感知、决策性的闭环控制单元技术是信息物理系统的精髓。面向航空产品特定需求开发研制智能化工装备，需要在厘清应用环境、产品对象、工艺特点等的基础上，针对性地研究传感器部署方案、感知数据的采集方案、分析决策机制的架构方法、反馈执行的精准和即时性等。

(5)生产线的维护保障技术

先进的生产线维护保障技术是降低制造成本、增加效益的最直接、最有效的途径。对于集成度和产能要求更高的智能生产线，单点的故障和意外停机有可能导致生产线的整体瘫痪，所以智能化维护技术是未来发展制造服务业的重要方向。生产线的维护保障包括针对单台设的在线监测、故障诊断与预警，也包括针对生产线的整体运行情况的统计、分析、优化等。与传统维护维修方法相比，智能维护是一种主动的按需监测维护模式，需要重点解决信息分析及性能衰减的智能预测及维护优化问题。因此，按需的远程监测维护机制和决策支持知识库是生产线维护保障的基础技术。开展生产线维护保障技术的研究，除了降低运行故障率，同时也可以对生产线上每台设备的使用效率生产线的瓶颈进行分析，达到提升生产线综合运行效率的目的。

6.3 智能工厂

6.3.1 智能工厂简介

曾经的自动化工厂，在生产过程中，还需要大量硬件工程师的协助，需要工人 24 小时倒班盯生产线，是否会出现机器故障。有了智能工厂的及时地预警及纠错功能，工人们更省心省力，并且在发展的过程中，智能工厂还会根据订单需求，转变工作模式，对电力、物力及生产力的利用逐渐达到峰值。智能工厂是现代工厂信息发展的新阶段，传统的工业生产采用 M2M 的通信模式(Machine to Machine/Man)，实现了设备与设备间的通信。而物联网通过 Things to Things 的通信方式实现人、设备和系统三者之间的智能化、交互式无缝连接。在自动化及数字化工厂的基础上，智能工厂构建了一个高效节能的、绿色环保的、环境舒适的人性化工厂。

6.3.2 智能工厂的特点

“智能工厂”的发展，是智能工业发展的新方向。但并不是所有智能工厂都能被称为智能工厂，如何判断这个工厂是不是智能工厂？我们可以从以下五个特性入手：

(1)系统具有自主能力：可采集与理解外界及自身的资讯，并以之分析判断及规划自身行为；

(2)整体可视技术的实践：结合信号处理、推理预测、仿真及多媒体技术，将实境扩增展示现实生活中的设计与制造过程；

(3)协调、重组及扩充特性：系统中各组承担为可依据工作任务，自行组成最佳系统结构；

(4)自我学习及维护能力：通过系统自我学习功能，在制造过程中落实资料库补充、更新，及自动执行故障诊断，并具备对故障排除与维护，或对系统执行的能力；

(5)人机共存的系统：人机之间具备互相协调合作关系，各自在不同层次之间相辅相成。

智能工厂的建立不仅有利于提高资产效率、生产质量，降低企业成本，还能营造更安全的生产过程，保持生产的可持续性等。这主要表现在以下五个方面：

(1)资产效率

智能工厂的每个方面都会产生大量数据，通过持续分析，可以发现可能需要某种纠正优化的资产性能问题。这种纠正功能智能工厂与传统自动化工厂出现明显差异，自动化工厂如果没有人员干预，会一直向前冲，向更高的产能、更多的产品进军，而智能工厂会根据实际需求，调整机器的工作时间，这就像为一群士兵安排了一位将军。

(2)质量

智能工厂特有的自我优化可以更快地预测和检测质量缺陷趋势，并有助于识别质量差的人为、机器或环境因素。更优化的质量流程可以使产品质量更高，缺陷和召回更少。工厂内配备电子看板显示生产的实时动态，同时，操作人员可远程参与生产过程的修正或指挥。

(3)更低的费用

传统上，优化流程可以带来更好的成本效益——具有更可预测的库存需求，更有效的招聘和人员配置决策，以及减少流程。更高质量的流程还可能意味着对供应网络的综合视图，以及对采购需求的快速，无延迟响应，从而进一步降低成本。

(4)安全和可持续性

智能工厂还可以为劳动保健和环境可持续性带来真正的好处。更大的流程自主性可以减少产生人为错误的可能性，包括造成伤害的事故。利用物联网技术实现设备间高效的信息互联，数字工厂向“物联工厂”升级，操作人员可实现获取生产设备、物料、成品等相互间的动态生产数据，满足工厂 24 小时监测需求。智能工厂的相对自给自足可能会取代某些需要重复和疲劳活动的角色。

(5)对制造工艺的改进

基于庞大数据库，智能工厂可以实现数据挖掘与分析，使工厂具备自我学习能力，并在此基础上完成能源消耗的优化、生产决策的自动判断等任务。

以服装厂为例，中国缝纫机械协会称，在自动化工厂之上引入 TIMS 智云 1.0 智能生产管理系统，可以整体提高 20%的生产效率，降低 30%的次品率，节省工时人均 8～10 天，非正常停机时间缩短 80%，大大提高了利润率。

当然智能工厂也会面临很多问题，最大的问题就是结构性问题和技术性问题。

目前传统工业与互联网企业均想推进工业物联网的发展进程，但两者各有弊端：传统工业不熟悉软件开发；互联网企业缺乏对工艺的了解，不熟悉生产流程及规范。如何让两者快速联手，进军智能工厂，是当务之急。

技术性问题则更难一些，传统工业的思考流程与工业互联网存在较大差异。如何实现制度、生产流程以及每一个动作都可以被系统所管控到，需要工厂将大量数据上传到系统中。而传统工业特别是一些中小型企业，数字化进程缓慢，或者根本没有数据支持，让智能化系统无从下手。

6.3.3 智能工厂的发展趋势

智能工厂是现代工业、制造业的大势所趋，是目前实现企业转型升级的高级优化路径。根据当前各行各业建设智能工厂的热情及扩张速度，预计未来几年，中国智能工厂行业仍然将保持10%以上的年均增速，2024年，中国智能工厂行业市场规模突破1.2万亿。智能工厂将大量运用机器人，这从现代汽车收购波士顿动力可见一斑，在智能工厂中，机器人带来的自动化和智能化将转化为更智能化的人机协同。在技术层面，智能工厂也可以将数据导入云端，并进行云端运算与大数据分析。例如：CPS技术可进行编程、记忆与储存能力，并结合感测器和通信技术，嵌入CPS的实体设备，连接到网络，可让实体设备同时兼具通信精准控制、远程协同与自主反应运作。

6.4 智能制造案例

(1)大庆油田装备制造集团智能制造生产线

1)生产线主要设备配置

大庆油田装备制造集团抽油机制造分公司智能制造生产线由自动上下料设备和数控机床组成，如图6－1所示，产线主要部件配置如表6－1所示。

图6－1 智能制造生产线

表 6－1　产线主要部件配置

<table>
<tr><th>名称</th><th>品牌</th></tr>
<tr><td>地轨本体部分</td><td>LeadWin</td></tr>
<tr><td>齿轮、齿条</td><td>亨利安</td></tr>
<tr><td>导轨</td><td>上银</td></tr>
<tr><td>机械手本体防护罩</td><td>LeadWin</td></tr>
<tr><td>机械手外围防护</td><td>LeadWin</td></tr>
<tr><td>拖链</td><td>IGUS 等进口品牌</td></tr>
<tr><td>机械手手爪</td><td>雄克、SMC 等进口品牌</td></tr>
<tr><td>输送线用电机</td><td>椿本、城邦</td></tr>
<tr><td>电气系统 & 电机</td><td>三菱</td></tr>
<tr><td>何服电机减速机</td><td>APEX</td></tr>
<tr><td colspan="2">电气元件</td></tr>
<tr><td>中间继电器</td><td>魏德米勒、欧姆龙、自制等</td></tr>
<tr><td>开关电源</td><td>欧姆龙、台湾明纬等</td></tr>
<tr><td>低压元件</td><td rowspan="2">施耐德、西门子、三菱、台达等</td></tr>
<tr><td>变频器</td></tr>
<tr><td>变压器</td><td>稳峰、稳宏等</td></tr>
</table>

自动上下料设备是由 3 套轴类上料仓、1 套套类上料仓、3 套轴类下料台与托盘、1 套皮带下料仓、1 套接水脚踏、4 套滑动护栏、1 套安全防护、1 套上下料跨吊及 1 套控制系统等组成。

数控机床由 2 台北一大限 LRB－370/500 卧式数控车床、2 台北一大限 LRB－370/1000 卧式数控车床，满足自动化上下料要求。

工作时工人将四种件分别放置在上科仓上，机器人从料仓抓取工件毛坯，放入某一机床进行加工，加工完成正面后，机床门打开，给机器人发信号，机器人对工件进行翻转。机床关门继续加工，整个零件加工完毕后，机床给机器人发全部加工完成指令，机器人为机床下成品、上毛坯，机床循环加工。随后机器人移动将成品放置在下料托盘上。

将整线需要兼容的产品进行分类重组，共分为中轴、尾轴、曲柄、销轴、该 4 组互不干涉，使用 1 台机器人独立运行，不同组切换时，机器人自动换手爪：当组内进行零部件换型时，需要人工调整上料仓定位侧柱、手爪到位检测感应开关、机床夹具、刀具以及数控程序。

上料仓采用工装板上料形式，毛坯居中定位，自动线能够判断零件长度，识别机种，下料托盘采用 V 型架形式。

每台机床前方带有推拉护栏，当某台机床需要进行换产时，工人推动 L 型滑动护栏将机床前工人操作空间与机器人行走空间实现分离。这样能够实现某台机床换产时，不影响其他机床、料道以及机器人的动作，并保证人员安全。

2)功能部件技术要求

a. 储料仓

储料仓能够实现生产线毛坏的批量缓存，并能够实现毛坯的步进式上料，当机器人将取料位毛坯取走后，料仓向前步进一个工位，为上料位补充毛坯。

当储料仓抓空时，料仓声光报警，提示工人及时上料。

储料仓主体采用碳钢焊接形式，具有足够刚性和稳定性。毛坯的输送采用减速电机驱动，使用链条进行传动，带动工装板进行上下层循环；工装板上带有定位块，保证套在料仓上定位准确，定位块表面材质具有足够抗磨性，托架能够适应所有兼容件的储料要求，定位块做成多级结构，可兼容多品种(不同工件的定位面相同，减少调试工作量)。工装板在链条带动下，结合接近开关，实现步进功能。

储料仓运行速度满足节拍要求、运行平稳、无颤动、缓存 8 件。

储料仓分为中轴、尾轴、曲柄销轴、套类四类，在换产时，需要人工调节两侧定位块，带有型号确认刻度尺，工人根据型号调节定位块。料仓能够判断零件长度，起到辅助判断工件机种的效果。

b. 下料台与托盘

下料系统由两部分组成，一部分是下料台，另一部分是托盘，下料台由框架主体、动力滚子、驱动电机等组成。

工人操作叉车将托盘放置在下料台上，放置到位后，按下滚道启动按钮，电机将托盘输送到准确位置。

c. 下料皮带机

皮带式下料仓由机架、电机、减速机、链轮链条(同步带)、皮带托辊和皮带组成。

桁架机械手将工件依次摆放在皮带机上，当摆满一排后，皮带机步进一定的距离料仓带有满料检测装置，当系统检测到成品堆满料仓时，报警提示工人下料。

d. 推拉防护栏

推拉防护栏方便工人进到机床前面，对机床进行换装、换刀以及调整刀补等工作，护栏安装在圆形导轨上，可以在机床前面往复推拉。

e. 外围安全护栏

防护门带有安全开关，当门锁打开时，机器人停止工作，防护栏高 2000mm，能够防止线内物体飞出线外，发生意外。

f. 接水脚踏

地面接液盘分为维修脚踏和接液盘两部分。

脚踏支架采用碳钢钢管焊接而成，表面喷涂处理，刚性好、耐腐蚀。脚踏层采用防护冲孔板结构，采用碳钢焊接而成。防滑板厚 2mm，圆孔 ϕ20mm，间距 75mm，错开分布，背面凸起 2mm，去除毛刺角边焊接。

接液盘位于脚踏下方，能够收集切削液和铁屑。接液盘采用碳钢焊接而成，留有出液口，带有球阀和管接头，能够将切削液进行收集处理。

脚踏下方带有接液盘，保证人工试切和维修时，切削液、铁屑不能滴落在自动线内地面上。

g. 上料悬臂吊系统

在上料区域，设置有悬臂吊，方便工人上下料。

h. 电气控制系统

电气控制系统采用三菱 Q 系列 PLC 作为控制器，采用 I/O 通信以实现自动线辅机的控制、机器人的控制、与机床对接信号的收集与发送。

(2)长城汽车泰州智慧工厂

围绕“绿色环保、智能精益”的理念，长城汽车泰州智慧工厂通过研、产、供、销、人、财、物全面协同的智能信息系统，建立智慧园区，打造真正的绿色智能工厂，不仅实现能源低碳化、生产洁净化、废物资源化，更从根本上实现“两个智能化”：智能化生产制造和智能化运营管理。

生产采用了 APS(高级计划排程)、MES(制造执行系统)、RFID 智能无人盘点、设备能耗最优智能分析、双料智能检测及视觉对中等全球先进生产工艺，以及大量机械手臂、全封闭自动生产线等，平均自动化率达到 79%，处于行业领先水平，尤其是涂装车间与冲压车间。在全自动生产线赋能下，自动化率高达 100%，使得工厂实现了生产计划协同、创造过程管控、质量管理、设备管理、供应链协调和信息采集与设备集成，如图 6－2 所示。

图 6－2　长城汽车泰州工厂生产线

中国联通携手捷创技术，致力于打造 5G＋无人生产线智能工厂，助力工业企业向智能制造转型升级。智能工厂的核心系统——5G＋无人生产线(如图 6－3 所示)，该产线由智能货架、AGV、机器人、喷胶机、UV 打印机组成(体现自动化，非标设计)，模拟了智能工厂的自动化生产全过程，是自动化、5G 化、信息化三化融合解决方案的应用。用户可以在手机或平板一键“下单”，JETRUN－MOM 系统接到指令后，自动安排生产、制造、出货、配送。

图 6－3　5G+无人生产线

思考与练习

6－1　什么是智能制造？

6－2　数控机床在智能制造中有哪些应用？

6－3　智能生产线有哪些关键技术？

6－4　什么是智能车间？智能车间应符合哪些条件？

6－5　试分析智能工厂未来的发展趋势。

参考文献

[1]李宏胜．机床数控技术及应用[M]．高等教育出版社，2001.

[2]华茂发．数控机床加工工艺[M]．机械工业出版社，2000.

[3]詹华西．数控加工与编程[M]．西南交通大学出版社，2015.

[4]饶军．数控机床与编程[M]．西安电子科技大学出版社，2008.

[5]张超英 谢富春．数控编程技术(实用数控技术丛书)[M]．化学工业出版社，2004.

[6]杨静云．数控编程与加工[M]．高等教育出版社，2018.

[7]蒙斌．机床数控技术与系统[M]．机械工业出版社，2015.

[8]罗敏．数控原理与编程[M]．机械工业出版社，2011.

[9]许德章，刘有余．机床数控技术[M]．机械工业出版社，2021.

[10]陈蔚芳，王宏涛．机床数控技术及应用(第三版)[M]．科学出版社，2016.

[11]葛新锋，张保生．数控加工技术[M]．机械工业出版社，2016.

[12]徐凯，孟令新，王同刚．数控车床编程与加工技术[M]．高等教育出版社，2021.

[13]陈佶．数控加工技术[M]．哈尔滨工程大学出版社，2020.

[14]刘兴良．数控加工技术[M]．西安电子科技大学出版社，2020.

[15]徐凯，乔卫红，李智慧．数控铣床编程与加工技术[M]．高等教育出版社，2020.

[16]于涛，武洪恩．数控技术与数控机床[M]．清华大学出版社，2019.

[17]张立娟一．数控机床编程与加工[M]．南京大学出版社，2019.

[18]王晓忠，王骅．数控机床技术基础[M]．北京理工大学出版社有限责任公司，2019.

[19]刘蔡保．数控车床编程与操作[M]．化学工业出版社，2019.

[20]白图娅，杨胜军．数控车床编程与操作[M]．化学工业出版社，2019.

[21]袁世祺．数控机床加工技术[M]．上海交通大学出版社，2019.

[22]杨顺田，姚军．数控机床与编程实用技术[M]．北京理工大学出版社，2019.

[23]田恩胜，江长爱．数控车削加工技术[M]．机械工业出版社，2019.

[24]李文慧，杜文俊．数控技术与编程[M]．合肥工业大学出版社，2018.

[25]蒋洪平，柴俊，刘彩霞．机床数控技术基础[M]．西安电子科技大学出版社，2018.

[26]秦忠．数控机床基础教程[M]．北京理工大学出版社有限责任公司，2018.

[27]唐娟．数控车床编程与操作[M]．机械工业出版社，2018.

[28]陈君宝，袁海兵．现代数控技术及其发展研究[M]．中国水利水电出版社，2018.

[29]浦艳敏，牛海山，衣娟．现代数控机床刀具及其应用[M]．化学工业出版社，2018.

[30]余娟，刘凤景，李爱莲．数控机床编程与操作[M]．北京理工大学出版社，2017.

[31]杨宗斌．数控加工技术[M]．高等教育出版社，2017.

[32]倪俊芳，宋昌才，何高清．机床数控技术[M]．科学出版社，2016.

[33]蔡厚道．数控机床构造[M]．北京理工大学出版社，2016.

[34]贾伟杰．数控技术及其应用[M]．北京大学出版社，2016.

[35]瓦伦蒂诺，戈登堡．数控技术导论[M]．清华大学出版社，2016.

[36]陈蔚芳，王宏涛．机床数控技术及应用．第 3 版[M]. 科学出版社，2016.
[37]何贵显．FANUC 0i 数控车床编程技巧与实例[M]. 机械工业出版社，2016.
[38]赵军华，肖龙．数控车削加工技术[M]. 机械工业出版社，2016.
[39]朱兴伟，蒋洪平．数控车削加工技术与技能(FANUC 系统)[M]. 机械工业出版社，2016.
[40]王彪，李清，蓝海根，等．现代数控加工工艺及操作技术[M]. 国防工业出版社，2016.
[41]于超，杨玉海，郭建烨．机床数控技术与编程[M]. 北京航空航天大学出版社，2015.
[42]侯培红．卓越机电工程师数控技术及其应用[M]. 上海交通大学出版社，2015.
[43]于超，杨玉海，郭建烨．机床数控技术与编程．第 2 版[M]. 北京航空航天大学出版社，2015.
[44]周祖德，谭跃刚．数字制造的基本理论与关键技术[M]. 武汉理工大学出版社：2016.
[45]胡友明，郭国庆．数控铣削加工[M]. 重庆大学出版社：2015.
[46]张奇丽，李豪杰，胡建．数控车削加工[M]. 重庆大学出版社：2015.
[47]黄新燕，曹春平．机床数控技术及编程[M]. 人民邮电出版社：2015.